普通高等教育"十二五"规划教材

Tumu Gongcheng Celiang Xuexi Zhidao

土木工程测量学习指导

孙　恒　张大伟　**主编**

张保成　**主审**

U0294174

人民交通出版社

北京

内 容 提 要

本书为普通高等教育"十二五"规划教材。全书按土木工程测量所涉及的学习内容和实训任务分单元及分模块编写,每个学习单元由若干个学习模块和实训任务组成,编写内容注重对学生自主学习和完成实训任务过程中可能出现的问题加以指导。全书共分为 10 个学习单元,主要内容包括:水准测量、角度测量、全站仪测量、控制测量、GPS 测量、地形图测绘、路线测量、桥隧施工测量、建筑施工测量、水利工程测量,供相关专业学生在自主学习和课间实训时选用。为满足实训学生对有关测量仪器说明书的需求,附录中列出目前常用的系列全站仪和 GPS 接收机的简要说明。

本书是针对土建类专业必修的测量学课程而开发的学习指导书,可作为土建类(道路工程、桥隧工程、建筑工程、水利工程等)专业本科、技术技能型本科或高层次职业教育学生学习土木工程测量技术的配套教材,也可供相关工程技术人员参考。

图书在版编目(CIP)数据

土木工程测量学习指导 / 孙恒,张大伟主编. —北京 : 人民交通出版社,2014.4 (2025.1重印)
普通高等教育"十二五"规划教材
ISBN 978-7-114-11318-5

Ⅰ. ①土… Ⅱ. ①孙… ②张… Ⅲ. ①土木工程—工程测量—高等学校—教材 Ⅳ. ①TU198

中国版本图书馆 CIP 数据核字(2014)第 057142 号

普通高等教育"十二五"规划教材
书　　名:土木工程测量学习指导
著 作 者:孙 恒 张大伟
责任编辑:袁 方 王绍科
出版发行:人民交通出版社
地　　址:(100011)北京市朝阳区安定门外外馆斜街 3 号
网　　址:http://www.ccpcl.com.cn
销售电话:(010)85285911
总 经 销:人民交通出版社发行部
经　　销:各地新华书店
印　　刷:北京科印技术咨询服务有限公司数码印刷分部
开　　本:787×1092 1/16
印　　张:12.75
字　　数:310 千
版　　次:2014 年 4 月 第 1 版
印　　次:2025 年 1 月 第 4 次印刷
书　　号:ISBN 978-7-114-11318-5
印　　数:7001~7500 册
定　　价:38.00 元
(有印刷、装订质量问题的图书由本社负责调换)

前　言

QIANYAN

　　本书是针对土建类专业必修的测量课程而开发的学习指导书。全书划分为10个学习单元,每个学习单元由若干个学习模块和实训任务组成,供相关专业学生在自主学习和课间实训时选用。为满足实训学生对有关测量仪器说明书的需求,附录中列出目前常用的系列全站仪和GPS接收机的简要说明。

　　本书的学习模块主要是针对学生自主学习而编写的,内容力求简化而重点突出。实训任务则注重对学生完成实训任务过程中可能出现的问题加以指导。本学习指导最显著的特点是引导学生自主学习和培养学生自行完成任务的能力。

　　本书学习单元1、2、7和学习模块4.1由内蒙古大学孙恒编写;学习单元3、8和附录E由内蒙古大学张大伟编写;学习模块4.2、实训任务4.3和附录A、B、C、D由内蒙古工业大学刘霖编写;学习单元5、6和附录F由内蒙古农业大学马腾编写;学习单元9由内蒙古河套学院王文达编写;学习单元10由内蒙古农业大学李瑞平编写。全书由孙恒、张大伟担任主编并统稿,内蒙古大学张保成教授担任主审。

　　由于编者水平有限,学生在学习过程中出现的问题又千差万别,书中提出的指导方法和观点难免出现疏漏与错误,谨请广大读者批评与指正。

编　者
2014 年 3 月

目 录

MULU

学习单元1 水 准 测 量

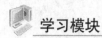

学习模块
学习模块 1.1　水准测量原理及仪器设备
学习模块 1.2　普通水准测量

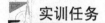

实训任务
实训任务 1.3　水准仪的技术操作
实训任务 1.4　普通水准测量实施

水准测量描述

水准测量是目前高程测量的主要方法之一。它的核心内容是用水准仪测量地面点之间的高差,通过测出已知高程点与未知点之间的高差,可由已知点高程推算未知点的高程。

在土木工程勘测设计、施工、运营、养护各个阶段,有相当数量的地面点需要测定其高程。例如,修建一栋大楼,首先就是在原本不平坦的自然地面上按设计高程面修筑基础,基础施工过程中,通常用水准测量的方法测定基础范围内许多关键性点位的高程,以此作为施工的依据;还有出行时通过的公路,在路面施工时,一般也是用水准测量的方法测设路线上许多点位的高程而形成符合设计坡度的路面。总之,用水准测量方法测定地面点高程是工程建设中最基本的测量工作之一。

虽然水准测量的应用非常广泛,但本学习阶段只是要求初学者掌握水准测量的一般方法。具体的学习内容如下:

(1)阅读学习资源中有关水准仪构造的内容,在实训中对照水准仪实物熟悉其各部件的功能及工作原理。

(2)结合水准测量原理和水准仪的构造,充分理解水准仪的技术操作步骤,并完成水准仪的实际操作训练。

(3)在实训场地选择一种合适的水准路线形式,按普通水准测量方法和精度要求测量指定地面点高程,并完成高差闭合差的计算和调整。

学习模块 1.1　水准测量原理及仪器设备

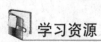

学习资源
(1)所用教材相关内容。
(2)教师推荐的学习资源。

(3)精品课程网络资源及有关学习课件。

(4)查阅水准仪厂商有关网页。

(5)测量仪器室展出的不同时期水准仪实物及介绍。

(6)图书馆有关水准测量及水准仪方面的资料。

学习要点

(1)高程测量的目的和方法。

(2)水准测量原理。

(3)水准仪按结构、按精度划分类别,水准仪的标称精度。

(4)水准仪的基本构造,水准尺的类型和特点。

(5)水准器的分划值、类型、特点。

1.1.1 水准测量的基本原理

水准测量是目前高程测量的主要方法之一,它的核心内容是用水准仪测量地面点之间的高差,通过测出已知高程点与未知点之间的高差,然后由已知点高程推算未知点的高程。在图 1-1 中,如果已知 A 点的高程为 H_A,只要能测出 A 点至 B 点的高差 h_{AB},则 B 点的高程 H_B 就可用下式计算求得:

$$H_B = H_A + h_{AB} \tag{1-1}$$

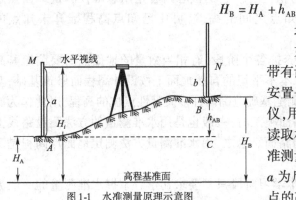

图 1-1 水准测量原理示意图

地面上两点间的高差是如何测出来的?

如图 1-1 所示,在 A、B 两点上分别竖立带有读数刻画的水准尺,并在 A、B 两点之间安置一台可以提供水平视线的仪器,即水准仪,用水准仪分别照准 A、B 两点的水准尺,读取相应水平视线时的读数 a、b 值。如果水准测量的前进方向是由 A 点到 B 点,通常称 a 为后视读数,b 为前视读数。则 A 点到 B 点的高差:

$$h_{AB} = 后视读数 - 前视读数 = a - b \tag{1-2}$$

高差 h_{AB} 有两个特性:一是 h_{AB} 值的正负号表达了前、后立尺点的高低关系,当 h_{AB} 值为正,即 B 点高于 A 点,反之,B 点低于 A 点;二是高差 h_{AB} 的下标 AB 表达了高差的方向,即: h_{AB} 表示由 A 点到 B 点的高差。

思考问题

(1)在图 1-1 中,如果 B 点高程已知,而 A 点高程未知,式(1-1)如何改写?

(2)在图 1-1 中,如果 A、B 两点高程均未知,是否正常?

1.1.2 微倾式水准仪的构造

微倾式水准仪的构造在许多学习资料中都有详尽的叙述,仔细阅读相关内容后,应结合水准测量原理深入理解微倾式水准仪的构造。微倾式水准仪的主要部件有:带有十字丝的望远镜、制动和微动机构、微倾机构、圆水准器和管水准器、带有脚螺旋的基座等,除微倾机构是微倾式水准仪特有的部件外,其余部件在后续介绍的其他测量仪器构造中均有体现。下面对各部件的结构和功能进行简单的描述。

(1)带有十字丝的望远镜

望远镜的主要技术指标有放大率、视角和分辨率。望远镜的调焦方式目前基本都采用内调焦方式,图1-2a)为内调焦望远镜的剖面图,望远镜镜筒内设置有凹透镜,通过转动物镜对光螺旋带动凹透镜前后滑动,使包括凹透镜在内的组合物镜的焦距发生变化,从而达到调焦的目的。图1-2b)是望远镜的成像原理示意图,观测目标前通常应根据自身的视力状态用目镜对光螺旋调节十字丝至清晰,观测目标时必须通过物镜对光螺旋将目标实像调焦至十字丝平面位置,才能同时清晰地看到十字丝和水准尺影像并准确读数。

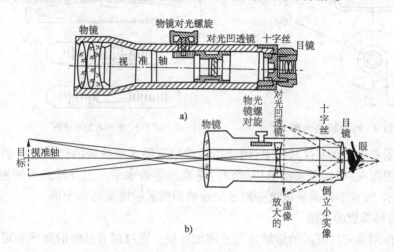

图1-2　望远镜剖面图及成像示意图

a)望远镜剖面图;b)望远镜成像原理图

测量用望远镜最显著的特点是在目镜前方的镜筒内装配有十字丝分划板,如图1-3所示,十字丝分划板是镶嵌在金属圆环内并刻有几条十字线的薄玻璃片。十字丝横丝与竖丝的交点与物镜光心的连线称为视准轴,水准仪照准水准尺读数时的水平视线就是望远镜视准轴的延长线。

(2)制动和微动机构

为了控制望远镜的水平转动幅度,在水准仪上装有一套制动和微动螺旋。当拧紧制动螺旋时,望远镜就被固定,此时可转动微动螺旋,使望远镜在水平方向作微小转动来精确照准目标,当松开制动螺旋时,微动就失去作用。有些仪器是靠摩擦制动,无制动螺旋而只有微动螺旋。

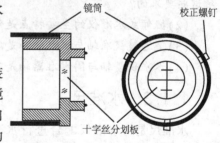

图1-3　十字丝平面图

(3)微倾机构

微倾式水准仪通过设置一套能使望远镜上下作微小倾斜的微倾螺旋及其传动机构,达到使望远镜视线精确水平的目的,所以称微倾式水准仪。

(4)圆水准器和管水准器

圆水准器是一个玻璃圆盒,圆盒内装有化学液体,加热密封冷却后形成一个气泡,如图1-4所示。圆水准器内表面是圆球面,中央画一小圆,其圆心称为圆水准器的零点,过此零点的法线称为圆水准器轴。当气泡中心与零点重合时，即为气泡居中，此时圆水准器轴处于铅垂位置。

管水准器简称水准管，它是把玻璃管纵向内壁磨成曲率半径很大的圆弧面，管内装有酒精与乙醚的混合液，加热密封冷却后形成一个气泡，如图1-5所示。管壁上一般对称刻有间隔为2mm的分划线，对称分划线的中心为水准管零点，过零点与内壁圆弧相切的直线称为水准管轴。当气泡两端与零点对称时称为气泡居中，这时水准管轴处于水平位置。

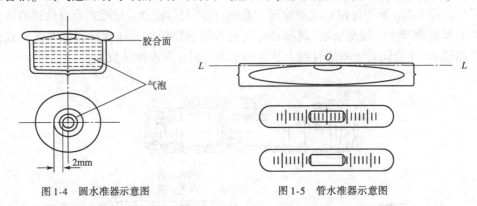

图1-4　圆水准器示意图　　　　　　　　图1-5　管水准器示意图

圆水准器安装在水准仪基座上，用来指示供望远镜水平旋转的竖轴是否铅垂。管水准器与望远镜固连在一起，用来指示望远镜的视准轴是否水平。水准器的灵敏度用分划值 τ 的大小来表示，管水准器的灵敏度一般比圆水准器的灵敏度要高几十倍。

（5）带有脚螺旋的基座

基座的作用是支撑仪器的竖轴并与三脚架连接。通过调节基座的脚螺旋可使安装在基座上的圆水准器气泡居中，从而达到仪器竖轴铅垂的目的。

❓思考问题

（1）水准测量原理对水准仪的构造提出了哪些要求？微倾式水准仪在构造上是如何满足这些要求的？

（2）微倾式水准仪的主要特点是什么？

（3）望远镜视准轴与水准管轴是怎样的关系？

（4）水准仪竖轴与圆水准器轴是怎样的关系？

1.1.3　水准尺

水准尺是与水准仪配合进行水准测量的工具。水准尺分为直尺、折尺和塔尺，如图1-6a)所示。折尺和塔尺便于携带但连接处易磨损，多用于普通水准测量。直尺一般设计成可以互为校核的双面尺，一面是黑白相间的主尺面（黑色面），尺底分划为零，另一面是红白相间的辅助尺面（红色面），尺底分划为一常数，如4687mm或4787mm。由于直尺可以双面读数进行校核，且稳定性好，多用于精度较高的国家三、四等水准测量。

尺垫的作用是在转点处为水准尺提供稳定支撑，如图1-6b)所示。

❓思考问题

（1）水准尺的分划有哪些特点？

（2）水准测量必须使用尺垫吗？

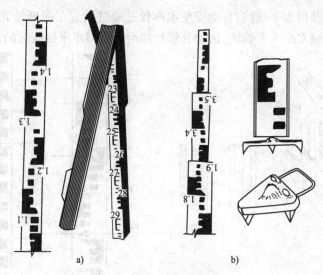

图1-6　水准尺及尺垫

a)水准尺;b)尺垫

1.1.4　水准仪的技术操作

微倾式水准仪的技术操作按以下四个步骤进行:粗平——→照准——→精平——→读数。

(1)粗平是通过调整脚螺旋,将圆水准气泡居中,使仪器竖轴处于铅垂位置。

(2)照准是用望远镜照准水准尺,清晰地看清目标和十字丝。在上述操作过程中,由于目镜、物镜对光不精细,目标影像平面与十字丝平面未重合好,当眼睛靠近目镜上下微微晃动时,物像随着眼睛的晃动也上下移动,这就是视差现象,如图1-7a)、b)所示。

存在视差现象会影响照准和读数精度。消除视差的方法是交替调节目镜对光螺旋和物镜对光螺旋,使十字丝和目标影像共平面,且同时都十分清晰,如图1-7c)所示。

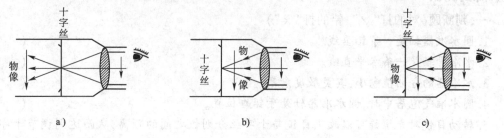

图1-7　视差示意图

a)有视差;b)有视差;c)无视差

(3)精平是转动微倾螺旋将水准管气泡居中,使视线精确水平。为提高水准管气泡的居中精度,微倾式水准仪在水准管的上方安装了一组符合棱镜,如图1-8a)所示。通过符合棱镜的反射作用,使气泡两端的半影像反映在望远镜旁的观察窗中,其视场如图1-8b)所示。转动微倾螺旋使两端半影像重合,就表示水准管气泡已居中,如图1-8c)所示。

(4)读数是在水准仪视线水平时,用望远镜十字丝的横丝在水准尺上读数。图1-9列出水准尺上部分读数示例,可供练习时参考。

自动安平水准仪技术操作比微倾式水准仪减少一个精平步骤,是由二者在望远镜视线安平方式上的不同所致。微倾式水准仪是通过微倾机构从外部使望远镜上下倾斜,借助管水准器的指示直接获得水平视线;自动安平水准仪是通过设置在视准轴光路上的"补偿器"从内部使视准轴光路发生上下偏转,借助补偿性能恰好获得水平视线时的读数。

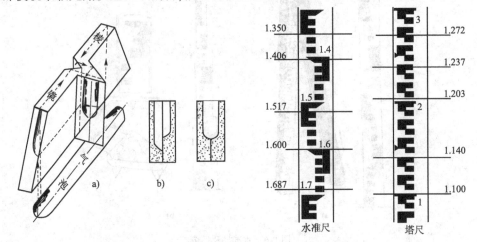

图1-8　符合棱镜示意图　　　　　　图1-9　水准尺读数示意图
a)构造示意图;b)气泡未符合;c)气泡符合

由于"补偿器"在视准轴倾斜时的摆动是依靠重力作用,故实现了自动安平,操作效率和稳定性大大提高,在工程建设中得到了广泛的应用。关于自动安平水准仪的自动安平原理和自动安平补偿器的结构特点可从有关学习资源中查阅。

？思考问题

(1)视差现象与观测者的视力状况有无关系?

(2)自动安平补偿器的补偿范围一般是多少?使用过程中如何判断其是否正常工作?

 自我测试

一、判断题(对的打"√",错的打"×")

1.圆水准器轴是一条铅垂线。　　　　　　　　　　　　　　　　　　　　　　（　　　）

2.水准管轴是一条水平直线。　　　　　　　　　　　　　　　　　　　　　　（　　　）

3.水准器的分划值愈小,其灵敏度愈高。　　　　　　　　　　　　　　　　　（　　　）

4.圆水准气泡居中时,圆水准器轴处于铅垂位置。　　　　　　　　　　　　　（　　　）

5.转动目镜对光螺旋可以改变目镜与十字丝分划板之间的距离,从而达到调节十字丝清晰的目的。　　　　　　　　　　　　　　　　　　　　　　　　　　　　　　　（　　　）

6.转动调焦螺旋可以改变调焦凹透镜与物镜之间的距离,从而达到调节水准尺成像位置的目的。　　　　　　　　　　　　　　　　　　　　　　　　　　　　　　　　（　　　）

7.视准轴是物镜光心与目镜光心的连线。　　　　　　　　　　　　　　　　　（　　　）

8.水准管气泡影像符合时,水准管轴处于水平位置。　　　　　　　　　　　　（　　　）

二、选择题

1.用目镜对光螺旋调节十字丝时,目镜最后的旋转方向应该是(　　　)。

　　A.由正屈光度向负屈光度

　　B.由负屈光度向正屈光度

　　C.反复来回旋转

2.在精平操作时,操作者的左手应( )。

    A.旋转微倾螺旋   B.抓住望远镜   C.搭在脚架上   D.自然下垂

3.在粗平操作时,用两手分别转动两个脚螺旋的转动方向应该是( )。

    A.同向旋转   B.相向旋转   C.视气泡具体位置而定

4.地面点到大地水准面的铅垂距离称之为该点的( )。

    A.绝对高程   B.相对高程   C.假定高程

学习模块 1.2　普通水准测量

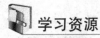 **学习资源**

(1)所用教材相关内容。

(2)教师推荐的学习资源。

(3)精品课程网络资源及有关学习课件。

(4)《国家三、四等水准测量规范》(GB/T 12898—2009)。

(5)图书馆有关水准测量及水准仪方面的资料。

学习要点

(1)普通水准测量的施测方法。

(2)水准路线及其成果校核。

(3)水准测量闭合差的调整。

(4)水准仪的检验和校正。

1.2.1　普通水准测量

(1)测量方法

普通水准测量的仪器和水准尺一般采用 DS₃ 级水准仪和塔尺。如图 1-10 所示,由已知高程点 A 测定 B 点的高程。具体测量步骤如下:

    ①首先置水准仪于测站 I 处,并选择好前视转点 ZD_1,将水准尺置于 A 点和 ZD_1 点上。

    ②将水准仪粗平后,先照准后视尺读取后视读数值 a_1,并记入水准测量记录表中。

    ③平转望远镜照准前视尺,读取前视读数值 b_1,并记入水准测量记录表中,至此便完成了普通水准测量一个测站的观测任务。

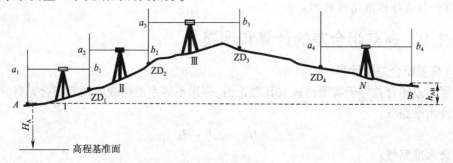

图 1-10　普通水准测量

④将仪器搬迁到第Ⅱ站，把第Ⅰ站的后视尺移到第Ⅱ站的转点 ZD_2 上，原 ZD_1 点上的水准尺翻转尺面变成第Ⅱ站的后视。

⑤测出第Ⅱ站的后、前视读数值 a_2、b_2，并记入水准测量记录表中。

⑥重复上述步骤一直测量至 B 点。

通过上述各测站所测高差之和，可由 A 点已知高程推算出 B 点高程：

$$H_A + \sum h = H_B \tag{1-3}$$

虽然按式(1-3)可以推算出 B 点高程，但 B 点高程很不可靠，因为各测站所测高差很可能存在较大的测量误差、甚至错误，而上述作业过程没有任何校核条件。为了形成有效的校核条件，上述作业还需要从 B 点开始继续测量，将测量路线延伸到一个高程已知的地面点上。

(2)水准路线形式

水准测量视测区已知点和待测点的分布情况，可选择以下几种水准路线形式：

①闭合水准路线：如图 1-11a)所示，是从已知水准点 BM_A 出发，经过测量各测段的高差，求得沿线其他各点高程，最后又闭合到 BM_A 形成的环形路线。

②附合水准路线：如图 1-11b)所示，是从已知水准点 BM_A 出发，经过测量各测段的高差，求得沿线其他各点高程，最后附合到另一已知水准点 BM_B 的路线。

③支水准路线：如图 1-11c)所示，是从已知水准点 BM_1 出发，沿线测量其他各点高程到终点2。其路线既不闭合又不附合，通常要进行返测，即又从2点返测到 BM_1。

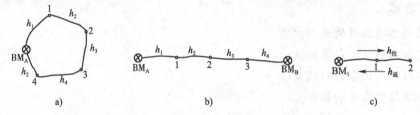

图 1-11　水准路线图
a)闭合水准路线；b)附合水准路线；c)支水准路线

上述水准路线都形成了有效的校核条件，即水准路线的高差都有一个理论值，高差实测值与其理论值之差称为高差闭合差。通过高差闭合差的大小可以判定水准测量的外业测量成果是否合格。

?思考问题

(1)如何把握水准仪安置位置与水准尺的适宜距离？

(2)对水准仪安置于两尺之间有何要求？

(3)如何选择水准路线的形式？

1.2.2　高差闭合差的计算和调整

(1)高差闭合差的计算

按照高差闭合差等于实测值减去其理论值，列出不同水准路线的高差闭合差计算式。

附合水准路线：

$$f_h = H_{始} + \sum h - H_{终} \tag{1-4}$$

闭合水准路线：

$$f_h = \sum h \tag{1-5}$$

支水准路线：

$$f_h = \sum h_往 + \sum h_返 \qquad (1\text{-}6)$$

普通水准测量的成果校核，主要考虑其高差闭合差是否超限。如果水准路线的高差闭合差 f_h 小于或等于其容许的高差闭合差 $f_{h容}$，即 $f_h \leqslant f_{h容}$，就认为外业观测成果合格，否则应查明原因进行重测，直到符合要求为止。一般普通水准测量的高差容许闭合差为：

$$f_{h容} = \pm 12\sqrt{n} \quad (\text{mm}) \qquad (1\text{-}7)$$

式中：n——水准路线测站数。

（2）高差闭合差的调整

当外业观测成果的高差闭合差在容许范围内时，还需要对高差闭合差进行调整；然后用调整后的各测段高差计算水准点的高程。表 1-1 是附合水准路线高差闭合差调整示例。

按测站数调整高差闭合差及高程计算表   表 1-1

测段编号	测点	测站数（个）	实测高差（m）	改正数（m）	改正后的高差（m）	高程（m）	备 注
1	BM$_A$	12	+2.785	-0.010	+2.775	36.345	$f_h = \sum h - (H_B - H_A)$
	BM$_1$					39.120	$= 2.741 - 2.694$
2		18	-4.369	-0.016	-4.385		$= +0.047$
	BM$_2$					34.745	$\sum n = 54$
3		13	+1.980	-0.011	+1.969		
	BM$_3$					36.704	$V_i = -\dfrac{f_h}{\sum n} \cdot n_i$
4		11	+2.345	-0.010	+2.335		
	BM$_B$					39.039	
$\sum$		54	+2.741	-0.047	+2.694		

表 1-1 中先按式（1-4）计算高差闭合差为 +0.047；再按不同的测段站数将闭合差成比例反号分配到各测段上，并对实测高差进行改正计算；然后用改正后的高差推算各点高程。

❓ **思考问题**

（1）比较三种不同水准路线的闭合差计算式。

（2）计算往返测水准路线高差闭合差容许值时，测站数如何取值？

1.2.3　水准仪的检验与校正

水准仪在检校前，首先应进行视检，其内容包括：顺时针和逆时针旋转望远镜，看竖轴转动是否灵活、均匀；各调节螺旋是否转动顺畅；望远镜视场中的十字丝及目标能否调节清晰，有无霉斑、灰尘、油迹；仪器的三脚架安放好后，适当用力转动架头时，不应有松动现象。

水准仪各几何轴线应满足的条件有：圆水准器轴应平行于仪器竖轴、十字丝横丝应垂直于仪器竖轴、望远镜的视线与水平视线的夹角（i 角误差）应为零。

普通水准仪的检验和校正项目一般只进行以下三项：

（1）圆水准器的检验与校正。

（2）十字丝的检验与校正。

（3）i 角误差的检验与校正。

初学者应查阅教材中水准仪检验和校正的步骤和方法，在教师的指导下进行。

(1)水准仪作业过程中能否发现仪器需要检验?

(2)何种情况下应对水准仪进行一次全面的检验?

自我测试

一、判断题(对的打"√",错的打"×")

1.如果测站高差为正值,则后视立尺点位置低于前视立尺点位置。 （　　）

2.水准测量时,无论水准尺前倾还是后仰,水准仪读数总是比正确读数偏大。 （　　）

3.前、后视距愈短,愈有利于提高水准测量的精度。 （　　）

4.水准仪后视观测完毕转向前视时,如果圆水准气泡偏离零点,应转动脚螺旋使气泡居中后继续观测。 （　　）

5.高差闭合差愈小,测量精度愈高。 （　　）

6.普通水准测量高差闭合差容许值的计算式统一规定为 $\pm 40\sqrt{L}$ 或 $\pm 12\sqrt{n}$。 （　　）

二、选择题

1.水准测量立尺时,司尺员应(　　)。

  A.单手扶尺站在水准尺侧面　　　　　　B.双手扶尺站在水准尺侧面

  C.双手扶尺站在水准尺后面　　　　　　D.单手扶尺站在水准尺后面

2.水准测量时,转点的作用是传递(　　)。

  A.方向　　　　　　　B.高程　　　　　　　C.距离

3.水准测量时,望远镜视场中读数方向应(　　)。

  A.由上到下　　　　　B.由下到上　　　　　C.由小到大

4.水准仪后视观测完毕转向前视时,如果水准管气泡影像左右错开,这时应(　　)。

  A.重新安置仪器

  B.转动微倾螺旋使气泡影像符合后继续观测

  C.校正仪器

5.为消除 i 角误差对一测站高差的影响,水准仪应(　　)安置。

  A.靠近前尺　　　　　B.靠近后尺　　　　　C.在两尺中间

6.自动安平水准仪 i 角误差校正的位置一般是(　　)。

  A.水准管校正螺钉　　B.十字丝　　　　　C.圆水准器

7.微倾式水准仪 i 角误差校正的目的是使水准管轴(　　)。

  A.平行于视准轴　　B.垂直于仪器竖轴　　C.平行于仪器竖轴

实训任务1.3　水准仪的技术操作

🚩 实训内容

    首先要熟悉水准仪各部件的功能,然后重点练习水准仪的技术操作步骤。考虑到微倾式水准仪的技术操作已包含自动安平水准仪的技术操作,且生产单位仍有部分微倾式水准仪还在使用,故第一次实训仍以微倾式水准仪作为实训仪器。

实训条件

以小组为单位借领 S_3 级微倾式水准仪一台;水准尺一把。

实训程序

(1)准备:在仪器操作大厅现场播放水准仪的构造和技术操作课件,或由指导教师结合实物现场讲解水准仪的构造及各部件使用功能;指导教师示范讲解水准仪的技术操作步骤。

(2)实施:学生分组认识水准仪的构造及熟悉水准仪各部件的使用功能;练习水准仪的技术操作步骤。

(3)检查:操作过程中小组同学之间互相检查。

(4)评价:操作结束前,各指导教师分别抽查一个小组进行现场评价,并与学生互动提问。

实训目标

能够比较规范地完成水准仪的技术操作步骤(对初次操作仪器的学生而言,重要的是操作的规范性,而操作的熟练性需要在以后的实践中不断提高)。

1.3.1 教学说明——水准仪技术操作实训

(1)水准仪的构造

认识水准仪的基本构造和各部件功能是操作水准仪的基础,同时也是正常维护和保养水准仪所不可缺少的知识。虽然不同时期、不同厂家生产的水准仪在构造上有一定的差异,但它们的基本部件和功能却是相同的。

(2)粗平

有关教材的粗平操作示意图仅作为入门练习。在练习过程中,要总结气泡移动规律,在习惯用左手大拇指判断圆水准气泡移动方向的同时,同样要习惯用右手食指判断气泡的移动方向,因为多数人的右手比左手使用频率更高。粗平操作不必强调统一固定的步骤,而应根据气泡的具体位置灵活决定脚螺旋的转动方向和转动速度。

(3)照准

初学者往往会闭着一只眼睛进行照准和读数,睁开双眼反而觉得不如闭着一只眼睛看得清晰,这种错觉在一开始就必须纠正。

消除视差是提高读数精度的关键,在反复交替调节目镜对光螺旋和物镜对光螺旋消除视差的过程中,应控制眼睛本身不作调焦。要做到这一点,必须在观测过程中睁开双眼使面部肌肉始终处于松弛状态。在检查有无视差存在时,眼睛上下移动的幅度不宜太大,头部不能有明显晃动,否则会因观察物像不清晰而引起错觉。

用目镜对光螺旋调节十字丝时,目镜最终的旋转方向应该是由负屈光度向正屈光度(目镜套筒上带有"＋"、"－"标记)旋转。

(4)读数

在仔细消除视差的基础上,读数时要重视估读毫米数这一环节,因为读数的准确性往往取决于估读毫米数的准确性。

望远镜有正像望远镜和倒像望远镜两种,目前生产的水准仪多数为正像望远镜。无论何种望远镜,在水准尺上的读数方向总是由小数到大数方向。

(5)一般要求

初次使用仪器时,从仪器箱中取出仪器前要注意观察仪器的正确安放位置。取出仪器时,应用双手握住仪器的支架(如果有)或基座将其安放在三脚架的架头上,并旋紧中心连接螺旋,然后关闭仪器箱。仪器迁站时,若距离较近且通行方便,可将仪器连同脚架一起搬迁,否则应装箱迁站。操作结束后,松开仪器制动螺旋,将仪器按正确的安放位置装箱。仪器运输过程中,应注意防震、防潮。

1.3.2 任务实施——水准仪技术操作实训

(1)准备:将水准仪安放在三脚架上

步骤描述:

打开三脚架,用中心连接螺旋将仪器安放在三脚架上;移动一条架腿使架头大致水平,并观察圆水准气泡不要有太大的偏离。

训练指导:

三脚架的打开角度和高度要适宜,脚架蝶形螺旋松紧要适度,位于土地上的脚架尖要踏紧。通过移动一条架腿使圆水准气泡减小偏离,为下一步操作奠定良好基础。

(2)粗平:旋转脚螺旋使圆水准气泡居中

步骤描述:

①旋转两个脚螺旋:先练习交替旋转两个脚螺旋,再练习同时旋转两个脚螺旋使气泡居中。

②旋转两个脚螺旋并辅助性地旋转第三个脚螺旋。

训练指导:

①开始操作时先旋转一个脚螺旋,仔细观察在一个脚螺旋作用下的气泡运动轨迹,熟悉气泡移动方向与手指运动方向之间的关系。

②比较同向和相向旋转两个脚螺旋的效果。

③教材中粗平示意图将气泡移动分解为两步,容易被初学者掌握。在旋转两个脚螺旋的过程中,并不拘泥于只是旋转两个脚螺旋,在主要旋转两个脚螺旋的过程中,用其他手指辅助性地旋转第三个脚螺旋可能更有效。

④粗平操作不必强调统一固定的步骤,而应根据气泡的具体位置灵活决定脚螺旋的转动方向和转动速度。稍微熟练时,要总结规律,寻找一种适合于自身特点的有效的操作方法,熟练的操作应达到随心所欲的状态。

(3)照准:用望远镜十字丝照准水准尺

步骤描述:

①左手手指轻抓望远镜后端,右手手指轻抓制动螺旋,转动望远镜用粗瞄器寻找水准尺并制动仪器。

②转动物镜对光螺旋使水准尺影像清晰,转动微动螺旋使十字丝竖丝对准水准尺中间稍偏一点的位置。

③交替调节目镜对光螺旋和物镜对光螺旋以消除视差,观测过程中应睁开双眼并使面部肌肉保持松弛状态。

训练指导：

①睁开双眼观测可以减小视差影响，保持轻松的观测状态，有利于提高读数精度。日常生活已习惯于双眼视线相交凝视物体，现在改变为单眼观察物体要有一个适应过程，开始观察时可用手挡住一只眼睛，在观察过程中慢慢撤去手掌，反复练习几次就不需要手掌帮忙了。

②有无视差现象因人而异，观测者应根据自身的视力状况和当时的眼睛松弛状态去交替调节目镜对光螺旋和物镜对光螺旋，仔细观察视差现象。在观察过程中，要认真体会眼睛松弛状态与视差大小的关系。

(4)精平：转动微倾螺旋使水准管气泡影像符合

步骤描述：

根据符合水准器观察镜内的影像位置判断微倾螺旋的转动方向，然后转动微倾螺旋使气泡影像左右圆弧线对齐。

训练指导：

转动微倾螺旋使气泡影像的左右圆弧全部消失，观察此时的气泡影像有何特征；根据观察到的现象判断微倾螺旋正确的旋转方向；体会气泡影像符合时气泡移动惯性的影响。

(5)读数：读出十字丝横丝在水准尺上所截取的高度

步骤描述：

仪器精平后即可读数。先确定出毫米数，然后将米、分米、厘米和毫米以 4 位数形式一次报出。如读数 1.300m 应报出 1300，读数 0.050m 应报出 0050。

训练指导：

①在水准尺前直接观察其分划特征，如观察水准尺上 5cm 和 10cm 处的特殊标志，分米处的数字注记。

②水准尺上标出几个位置练习读数，如在水准尺上标出读数 1028、0098 等位置。

③思考四位读数在尺上如何确定？

a.前两位读数(米和分米)在尺上是如何确定的？

b.读数的第三位(厘米)在尺上是如何确定的？

c.读数的最后一位(毫米)在尺上是如何确定的？

④在望远镜视场内练习读数。

实训任务 1.4　普通水准测量实施

实训内容

指导教师在校园内给每个实训小组指定几个点作为待测水准点，要求各小组在规定的课间实训时间内，按普通水准测量的方法及精度要求测量并推算指定水准点的高程。

实训条件

(1)自动安平水准仪一台；水准尺两把。

（2）校园内已分布有一定数量的高级点(已知高程点)。

（3）各实训小组已明确待测水准点的实地位置。

实训程序

（1）指导教师向每个实训小组提供"校园水准点分布图"一份,并为各小组指定待测水准点的实地位置。

（2）各实训小组自行拟订水准路线,指导教师参与讨论。

（3）按普通水准测量的方法及精度要求施测,如闭合差超限,可利用课余时间补测。

（4）课后完成实习报告。

实训目标

能够用最基本的水准测量方法测量地面点高程。

1.4.1　教学说明——普通水准测量实训

（1）水准点的数字编号前通常用 BM(Bench Mark)表示。测量水准点所能达到的高程精度是水准测量等级划分的主要指标。根据这一指标,各等级水准测量对水准点的密度、路线布设、使用仪器以及具体操作在规范中都作了相应的技术要求。

（2）普通水准测量不应看作是水准测量的一个具体等级,它是精度低于等级水准测量的所有水准测量的统称。正因为如此,普通水准测量没有统一的技术要求,而是根据具体任务制定相应的技术要求。

（3）在工程建设中,等级水准测量(二、三、四、五等)主要用于高程控制测量,高程控制测量可为后续测量工作提供精度较高、有控制意义的已知水准点。在此基础上,直接为构(建)筑物设计和施工提供地面点高程的测量任务,基本上都是采用普通水准测量方法完成的。

（4）水准路线可分为单一水准路线和水准网。水准网是由若干条单一水准路线相互连接构成的网状路线。在工程建设中很少布设水准网,一般均采用单一水准路线形式,闭合、附合、支水准路线就是单一水准路线形式。

（5）水准路线规定了水准仪由起点连续测量到终点所经过的测量路线,并且形成了对水准测量成果进行校核的条件。闭合、附合、支水准路线的主要区别是它们所形成的校核条件不同。实施水准测量的首要问题是选择一种合适的水准路线形式,到底采用何种水准路线形式为宜,应根据已知高程点(高级水准点)及待测水准点的分布位置及数量而定。

（6）测量过程中的主要误差有:视准轴不水平的误差、读数误差。

视准轴不水平对测站高差的影响在前、后视距相等的条件下可得到消除,但要求每一测站前、后视距相等,既不现实也无必要。等级水准测量分别对测站的前、后视距差和前、后视距累积差规定一个限差,而普通水准测量不必强求每一测站前、后视距大致相等,但要尽量使每一测段(水准路线中相邻点之间)前、后视距累积差减小。

读数误差主要与视线长度、视差和气象条件有关。观测时应限制视线长度、仔细消除视差,并选择有利的气象条件作业。

(7)高差闭合差是对水准测量成果进行校核的评价指标,其限差是根据水准路线长度或测站数计算高差闭合差容许值。等级水准测量高差闭合差容许值的计算式在规范中有明确的规定,而普通水准测量高差闭合差容许值的计算式不需要作统一的规定,应根据具体任务的不同制定相应的标准。有关学习资源中提出的 $f_{h容} = \pm 12\sqrt{n}$(或 $\pm 40\sqrt{L}$)可理解为普通水准测量的参考标准。

1.4.2 任务实施——普通水准测量实训

(1)拟订水准路线

步骤描述:

①收集测区内已有的水准测量资料。

本次实训是在学校校园内进行,校园内一般均分布有一定数量的已知高程点,可以由指导教师提供校园水准点分布图及其成果表。

②选择水准路线。

首先要确定待测水准点的位置。普通水准测量所测定的水准点往往与具体任务密切相关,因此,待测水准点的位置及埋设形式要根据具体任务合理选择。本次实训由指导教师为各实训小组指定待测点位置。

在明确待测点位置的基础上,结合已知高程点的分布位置和数量,确定采用何种水准路线形式,进一步选择水准仪由起点连续测量至终点的实地路线。

(2)由水准路线起点连续测量至终点并现场记录

步骤描述:

①按照本组拟订的水准路线,在路线起点位置立尺并开始测量。

②按普通水准测量的作业方式每一测站读取后视读数和前视读数,并分别记入水准测量手簿表1-2相应表格中。

③连续测量,经过路线中间所有的待测水准点直至终点。

④计算高差闭合差 f_h,并按 $f_{h容} = \pm 12\sqrt{n}$ 判别观测成果是否合格。

训练指导:

①普通水准测量一般不配尺垫,在看似平坦的路面上立尺作为转点位置,在水准尺由后视转向前视时,极有可能使水准尺产生较大的垂直位移。因此,转点应尽可能选择坚硬的凸起位置。

②普通水准测量的视线长度一般不超过100m。

③观测数据应采用硬性铅笔(2H或3H)记录于专用的测量手簿中。

④手簿记录强调现场原始记录,不得涂改、擦拭和转抄。如发生读错、记错现象,除米、分米位可在错误数字上方及时更正外,一般应下移一行重测重记。作废数据部分应从左上方到右下方用直尺作一条斜线划掉,并在备注栏内注明原因。

⑤手簿中"高程"一栏不必计算转点高程,如要进行高差闭合差调整,水准点高程也可暂不计算。

⑥高差闭合差 f_h 计算值填写在手簿记录结束行对应的备注栏内。本次实习高差闭合差容许值按 $\pm 12\sqrt{n}$ 计算,其值填写在 f_h 下方的备注栏内。

实训后填写普通水准测量实训报告。

测 点	后 视 读 数	前 视 读 数	高 差		高 程	备 注
			正	负		

工程名称　　　　日期　　　　观测者
仪器型号　　　　天气　　　　记录者

任务描述:(提示:具体要做什么？有哪些技术要求?)
组织实施:(提示:是怎么做的？必要时加略图)
实训成果:(提示:结果是什么？必要时加表格)

报告人员：　　　　　　　　　　参加人员：

学习单元2 角度测量

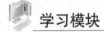

学习模块

实训任务

角度测量描述

角度测量就是用经纬仪测量地面点之间所构成的水平角或竖直角。具体的作业流程可描述为以下几个步骤：

(1)在测站点上方安置仪器

安置仪器是指将经纬仪在测站点上对中和整平。对中和整平的目的应结合经纬仪的构造和角度测量原理作进一步的深入理解。

(2)按规定的作业程序用望远镜照准目标点上的标志

水平角测量的作业程序根据目标点的数量而采用测回法或方向观测法；竖直角测量一般采用测回法，在测角精度要求不高时，往往只测半测回。目标点贴近地面，一般很难直接照准，通常需要在目标点上竖立杆状标志或觇牌。

(3)读取目标点的水平方向值或竖直方向值，并记录及计算

光学经纬仪有 J_6 级和 J_2 级两种有代表性的读数方式，需要在实训中使用相应的仪器训练；而电子经纬仪开机后则可实时提供当前望远镜视准轴方向的水平方向值及竖直方向值。数据记录计算通常在专用的测量手簿中进行，目前也采用电子测量手簿记录方式。

角度测量计算的结果往往是后续计算所需要的测量值，如地面点坐标计算就需要水平角和水平距离两个测量元素，因此水平角是地面点平面定位的基本元素之一。相对于水平角而言，竖直角应用较少，竖直角配合倾斜距离可以归算水平距离，进一步可以间接推算地面上两点间的高差。

学习模块2.1 角度测量原理及仪器设备

学习资源

(1)所用教材相关内容。

(2)教师推荐的学习资源。

(3)精品课程网络资源及有关学习课件。

(4)查阅经纬仪厂商有关网页。

(5)测量仪器室展出的不同时期经纬仪实物及介绍。

(6)图书馆有关角度测量及经纬仪方面的资料。

学习要点

(1)水平角测量原理。

(2)竖直角测量原理。

(3)经纬仪按结构、按精度划分类别。

(4)经纬仪的标称精度。

(5)经纬仪的安置设备。

(6)经纬仪的读数设备。

2.1.1 角度测量原理

(1)水平角测量原理

地面上两条直线之间的夹角在水平面上的投影称为水平角。如图2-1所示，A、O、B是位于地面上不同高度的地面点，通过OA和OB直线各作一垂直面，并把OA和OB分别投影到过O点的水平投影面上，其投影线Oa'和Ob'的夹角β就是要测量的水平角。

如果在O点上方水平安置一个带有水平刻度盘的测角仪器，使其度盘中心O'与地面点O位于同一铅垂线上，设OA和OB两条方向线在水平刻度盘上的投影读数为a和b，则水平角可表示为：

$$\beta = b - a \tag{2-1}$$

(2)竖直角测量原理

在同一竖直面内视线和水平线之间的夹角称为竖直角。如图2-2所示，在测站点O上方安置一个带有竖直刻度盘的测角仪器，在地面点A上方安置一个可以照准的标志，则度盘中心高度与标志照准部位高度的连线就是测量竖直角的视线。竖直角测量时，需要读取视线在竖直度盘的刻度n，而水平视线在竖直度盘的刻度m不需要读取，它是由仪器结构决定的一个固定的数值，二者之差α就是要测量的竖直角。

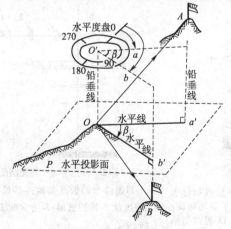

图2-1　水平角测量原理图

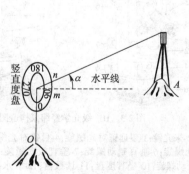

图2-2　竖直角测量原理图

— 19 —

竖直角有正负之分,视线在水平线之上称为仰角,符号为正;视线在水平线之下称为俯角,符号为负。

❓ 思考问题

(1)水平角的大小与目标点的高度有无关系?

(2)竖直角的大小与仪器安置高度有无关系?

2.1.2 经纬仪的基本构造

角度测量仪器称之为经纬仪。经纬仪按结构划分,目前有光学经纬仪和电子经纬仪两种类型;经纬仪按厂家提供的标称精度划分,国产光学经纬仪依据《光学经纬仪》(GB/T 3161—2003)有 DJ_{07}、DJ_1、DJ_2、DJ_6 等系列。虽然经纬仪在精度和结构上有所不同,但其使用功能还是相同的,由角度测量原理可知,经纬仪的基本构造应具备安置仪器、照准目标和读数三个主要的使用功能。针对不同类型的经纬仪,在学习资源中都可以找到相应的结构图及其介绍,观察并梳理出不同类型经纬仪的安置设备、照准设备和读数设备,认识这些设备在新技术应用下的发展过程,进一步理解这些设备是如何实现上述使用功能的。

如图 2-3 所示,这是一台我国某光学仪器厂早期生产的 DJ_6 级光学经纬仪,它主要由照准部(包括望远镜、竖直度盘、水准器、读数设备)、水平度盘、基座三部分组成。通过它可以了解经纬仪的基本结构和外形,以此为基础,简要介绍不同类型经纬仪的安置设备、照准设备和读数设备。

(1)安置设备

经纬仪的安置包括对中和整平。由角度测量原理可知,对中的目的是使仪器的中心与测站点位于同一铅垂线上;整平的目的是使仪器的竖轴铅垂及水平度盘水平。

经纬仪的对中装置有垂球对中、光学对中和激光对中几种方式。早期的光学经纬仪采用简单的垂球对中方式,就是在经纬仪基座与脚架架头连接的中心连接螺旋下悬挂一个垂球,直接使垂球尖对准测站点,如图 2-3 所示的 DJ_6 级光学经纬仪就是这种方式。

垂球对中方式易受风力干扰且对中精度较低,故目前生产的光学经纬仪均采用光学对中方式。如图 2-4 所示,由光学对中器光路图可以看出,光学对中方式就是在经纬仪照准部侧面安装一个小型望远镜,望远镜视线通过直角棱镜转向90°后,穿过度盘及基座中心观察到地面测站点,当仪器整平后,光学对中器可以提供一条对中用的垂线。

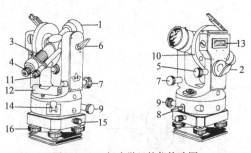

图 2-3 DJ_6 级光学经纬仪构造图

1-物镜;2-采光镜;3-望远镜对光螺旋;4-目镜对光螺旋;5-竖盘指标水准管微动螺旋;6-垂直制动螺旋;7-垂直微动螺旋;8-水平制动螺旋;9-水平微动螺旋;10-竖直度盘;11-读数窗;12-管水准器;13-竖盘指标水准管;14-复测钮;15-轴座固定螺旋;16-脚螺旋

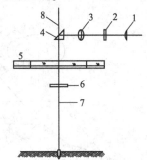

图 2-4 光学对中器光路图

1-目镜;2-分画板;3-物镜;4-棱镜-;5-水平度盘;6-保护玻璃;7-光学垂线;8-竖轴中心

电子经纬仪大多都采用光学对中方式,但有些电子经纬仪在仪器中心加装了小型激光发生器,接通电源后,激光束穿过基座中心会在地面上投射一个红色的小圆点。激光对中方式非常适合地下工程测量。

经纬仪整平主要依靠水准器,通常在基座上设置一个圆水准器,在照准部上设置一个管水准器,通过调节基座下的脚螺旋使水准管气泡居中,达到竖轴铅垂的目的。由于受气泡灵敏度和人为操作的限制,仅依靠水准器整平的方式仍存在较大的竖轴误差。因此,为有效地减小竖轴误差对测角的影响,一些较高精度的电子经纬仪加装了光电式的竖轴倾斜自动补偿器,以自动改正竖轴倾斜对目标水平方向值和竖直方向值的影响。

(2)照准设备

望远镜是经纬仪的照准设备,是用来照准远方目标的。从图 2-3 所示的 DJ_6 级光学经纬仪可以看出,望远镜和横轴固连在一起安置在仪器的左右支架上,左右支架的下盘与仪器的竖轴连接。因此,经纬仪的望远镜不但可随横轴上下旋转,还可随照准部水平旋转。至于望远镜的对光螺旋和制微动机构,与水准仪基本相同。

(3)读数设备

经纬仪的读数设备包括水平度盘、竖直度盘和相应的读数装置。最初的经纬仪都是直接在金属度盘上读数,测角精度很低。后来发展到利用游标读数原理进行度盘读数,出现了测角精度较高的游标经纬仪。随着光学技术的发展,20 世纪 20 年代瑞士威尔特(Wild)开始生产安装有读数显微镜和玻璃度盘的经纬仪,利用显微镜进行光学读数的测角精度首次提高到了秒级,这就是目前仍在使用的光学经纬仪。

经纬仪发展到今天,其外部结构都没有太大的变化,它的每一步重大发展主要是其度盘及读数装置的技术革新。20 世纪 60 年代开始生产的电子经纬仪,就是将传统的光学读数发展为新型的电子读数,二者在读数设备方面的主要区别是:光学经纬仪的度盘是密封在仪器外壳里并带有刻度线的玻璃度盘,借助安装在仪器内部的专用读数显微镜,由人工判读其度盘读数;电子经纬仪虽然也安装有度盘,但它是一个采用光电识别技术的电子度盘,当望远镜随照准部一起转动寻找目标时,不断输出的电信号转换为方向值并自动显示在仪器的读数屏上。

电子测角技术经过几十年的发展已日趋成熟,逐渐提高的性价比使电子经纬仪的使用日益普及,电子测角技术的意义并不是提高经纬仪的测角精度,而是代表了测角自动化的发展方向。

 学习指导

(1)熟悉图 2-3 中 DJ_6 级光学经纬仪各部件的基本功能。

(2)在学习资源中查阅电子经纬仪的测角原理。

 自我测试

一、判断题(对的打"√",错的打"×")

1.电子经纬仪的测角精度高于光学经纬仪。　　　　　　　　　　　　　　　　(　　)

2.水准管的灵敏度一般高于圆水准器的灵敏度。　　　　　　　　　　　　　　(　　)

3.光学对中器是一个小型望远镜。　　　　　　　　　　　　　　　　　　　　(　　)

4.经纬仪的粗瞄器是一个小型望远镜。　　　　　　　　　　　　　　　　　　(　　)

5. 整平的目的是使经纬仪的竖轴处于铅垂状态。　　　　　　　　　（　　）

6. 经纬仪对中的目的是使光学对中器的分划圈对准测站点标志。　　（　　）

7. 用光学对中器安置经纬仪时,伸缩脚架的动作对光学对中器分划圈与测站点位的相对位置影响很小。　　　　　　　　　　　　　　　　　　　　　　　　　（　　）

8. 调节读数显微镜的目镜对光螺旋可以使度盘分划线影像清晰。　　（　　）

9. J₂级经纬仪的下标"2"表示该经纬仪水平方向测量一测回方向中误差为±2″。
　　　　　　　　　　　　　　　　　　　　　　　　　　　　　　　　　（　　）

二、选择题

1. 用望远镜观测目标时,产生视差的原因是(　　　　)。

　　A. 仪器校正不完善

　　B. 物像与十字丝面未重合

　　C. 目标太远

2. 经纬仪的望远镜视准轴应与仪器的(　　　　)垂直。

　　A. 横轴　　　　　　　B. 竖轴　　　　　　　C. 水准管轴

3. 经纬仪观测某一目标点的水平方向值时,应该用(　　　　)照准目标。

　　A. 十字丝交点　　　　B. 十字丝横丝　　　　C. 十字丝竖丝

4. 经纬仪整平的目的是使(　　　　)。

　　A. 基座水平　　　　　B. 照准部水平　　　　C. 竖轴铅垂

学习模块 2.2　角度测量实施

 学习资源

(1)所用教材相关内容。

(2)教师推荐的学习资源。

(3)精品课程网络资源及有关学习课件。

(4)图书馆有关角度测量方面的资料。

学习要点

(1)用光学对中器安置经纬仪的方法。

(2)光学经纬仪的读数方法。

(3)测回法观测水平角。

(4)方向观测法观测水平角。

(5)竖直角观测。

(6)经纬仪的检验和校正。

2.2.1　经纬仪的技术操作

经纬仪的技术操作包括安置仪器、照准目标和读数。

(1)安置仪器

垂球对中仅依靠重力就可单独实现对中的目的,对中完成后,可直接利用照准部上的管水准器进行精确整平。进行整平时,首先使水准管平行于两脚螺旋的连线,如图2-5a)所示。操作时,两手同时向内或向外旋转两个脚螺旋使气泡居中。气泡移动方向和左手大拇指转动的方向相同;然后将仪器绕竖轴旋转90°,如图2-5b)所示,旋转另一个脚螺旋使气泡居中。按上述方法反复进行,直至仪器旋转到任何位置时,水准管气泡都居中为止。

光学对中方式需要对中与整平交替进行。因为对中与整平彼此影响,只有在仪器精确整平时,光学对中器的视线才是铅垂的。用光学对中器安置仪器的操作要点有两条:首先移动脚架或转动脚螺旋使光学对中器分划圈对准地面点标志;然后伸缩脚架腿使圆水准器气泡居中。具体的操作步骤在后续的实训任务中有详细的说明。

激光对中方式比光学对中方式更为简单方便,其操作要点与光学对中基本相同。

(2)照准目标

经纬仪安置好后,根据观测任务,按照规定的作业程序用望远镜逐一照准目标点上的观测标志并获取相应的角度观测值。随着电子技术在测量仪器中的不断应用,一些电子测角系统通过加装伺服马达和CCD相机及智能软件,具备了望远镜自动调焦及自动照准功能。

(3)读数方法

由于电子经纬仪的读数是自动显示,这里重点介绍光学经纬仪的读数方法。光学经纬仪读数前,应打开读数反光镜,调节视场亮度,转动读数显微镜对光螺旋,使读数窗影像清晰可见。光学经纬仪的读数方法主要有两种:一种是以 DJ_6 级光学经纬仪为代表的普通精度经纬仪的读数方法,通常采用在读数显微镜光路中设置分微尺的方式直接进行读数;另一种是以 DJ_2 级光学经纬仪为代表的高精度经纬仪的读数方法,其特点是通过内部光路较为复杂的设置而采用对径分划影像符合读数,同时增加了测微装置以提高测角精度。

DJ_6 级光学经纬仪在读数显微镜下的度盘影像和分微尺影像,如图2-6所示。图中水平度盘影像和竖直度盘影像同时出现在读数窗中,其中水平度盘读数为180°06′24″(估读0.4′),竖直度盘读数为75°57′12″(估读0.2′)。

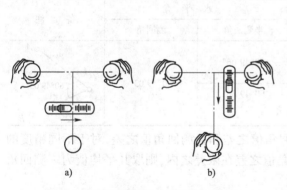

图2-5 经纬仪水准管气泡居中操作示意图
a)气泡向右移;b)气泡向下移

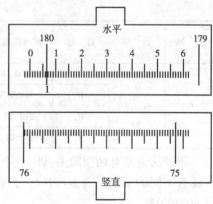

图2-6 DJ_6 级光学经纬仪读数窗

DJ_2 级光学经纬仪与 DJ_6 级光学经纬仪相比,在外部结构上增加了换像手轮和测微手轮。转动换像手轮可切换读数窗中的水平度盘影像和竖直度盘影像;转动测微手轮可使读数窗中的度盘影像和测微鼓影像发生变化。 DJ_2 级光学经纬仪在读数显微镜下的度盘影像和测微鼓影像如图2-7a)所示,度盘直径两端分划的影像同时反映到同一平面上,并被一横线分成正、倒像;与测微手轮联动的测微鼓影像单独显示,总长度细化为600格,每格分划值为1″。

DJ$_2$级光学经纬仪读数前的读数窗影像,如图2-7a)所示。读数时,首先转动测微手轮使度盘正、倒像分划线精密重合,如图2-7b)所示;然后将度盘正像30°20′(正、倒像之间2格整)整读数与测微鼓影像8′00.2″(估读0.2″)零读数相加后一并读出30°28′00.2″。

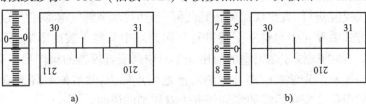

图2-7 DJ$_2$级光学经纬仪读数窗
a)读数前视窗;b)读数时视窗

学习指导

　　(1)DJ$_2$级光学经纬仪读数窗有多种形式,图2-7所示仅是其中较早的一种形式。
　　(2)为深入理解光学经纬仪的读数方法,可在学习资源中查阅其内部光路图。

2.2.2　水平角观测方法

　　在经纬仪角度观测时,通常要用盘左和盘右两个位置进行观测。当观测者对着望远镜的目镜,竖盘在望远镜的左边时称为盘左位置,又称正镜;若竖盘在望远镜的右边时称为盘右位置,又称倒镜。水平角观测方法,一般有测回法和方向观测法两种。

　　(1)测回法观测水平角

　　测回法适合观测两个方向的单角。表2-1是测回法测角记录示例,盘左位置顺时针转动照准部分别照准A、B目标,读取相应的度盘读数为0°01′24″和60°50′30″,计算上半测回角值为60°49′06″;盘右位置逆时针转动照准部分别照准B、A目标,读取相应的度盘读数为240°50′30″和180°01′30″,计算下半测回角值为60°49′00″。

测回法测角记录表　　表2-1

测　站	盘　位	目　标	水平度盘读数	水平角		备　注
				半测回角	测回角	
O	左	A	0°01′24″	60°49′06″	60°49′03″	
		B	60°50′30″			
	右	B	240°50′30″	60°49′00″		
		A	180°01′30″			

　　测回法通常有两项限差:即上、下半测回角值之差和各测回角值之差,对于不同精度的仪器有不同的限值。表2-1中上、下半测回角值之差在限差之内,则取其平均值为一测回角值60°49′03″。

　　当测角精度要求较高时,可根据需要或规范要求观测n个测回。各测回的观测程序完全相同,只是各测回起始方向值需要用度盘变换手轮按180°/n均匀配置,即第1测回起始方向值通常配置为略大于0°,其他测回起始方向值按180°/n逐次增加配置。

　　(2)方向观测法观测水平角

　　当观测三个以上方向时,应该采用方向观测法(又称为全圆测回法)。方向观测法是在测回法的基础上加以改进的一种方法,它的主要特点是:观测过程增加了归零步骤,计算结果采用方向值。

方向观测法作业时,首先应在几个观测方向中选择一个观测条件较好的方向作为零方向,如图2-8所示,设 *A* 方向为零方向。然后由零方向开始观测,盘左位置顺时针转动照准部分别照准 *A*、*B*、*C*、*D*、*A* 目标并读数,*A* 目标两次读数之差称为上半测回归零差;盘右位置逆时针转动照准部分别照准 *A*、*D*、*C*、*B*、*A* 目标并读数,*A* 目标两次读数之差称为下半测回归零差。方向观测法观测记录及计算参见有关学习资源。

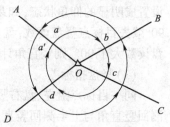

图2-8　方向观测法观测水平角示意图

方向观测法通常有三项限差:半测回归零差、一测回内 2*C* 互差、同一方向值各测回互差。以上三项限差,根据不同精度的仪器和测量等级而有不同的规定。

2.2.3　竖直角观测方法

竖直角观测时,通常也是用盘左和盘右两个位置进行观测。从表2-2竖直角观测记录示例可以看出,经纬仪安置在 *O* 点上,对目标点 *M*、*N* 分别进行了一测回观测,下面简要说明竖直角观测和记录计算过程中涉及的知识点。

竖直角观测记录表　　　　　　　　　　　　　　　　表2-2

测站	目标	盘位	竖盘读数	半测回竖直角	指标差	一测回竖直角	备注
O	*M*	左	59°29′48″	+30°30′12″	−12″	+30°30′00″	
		右	300°29′48″	+30°29′48″			
	N	左	93°18′40″	−3°18′40″	−13″	−3°18′53″	
		右	266°40′54″	−3°19′06″			

（1）竖盘读数

在表2-2中,盘左位置用望远镜横丝照准 *M* 点读取竖盘读数 59°29′48″,盘右位置用望远镜横丝照准 *M* 点相同位置读取竖盘读数 300°29′48″。由经纬仪的结构组成可知,竖直度盘在竖直角观测过程中随望远镜一起转动,而竖盘读数指标保持不动。在读取竖盘读数前,必须将竖盘读数指标安放到正确位置,才能读取正确的竖盘读数。所谓正确位置,是指竖盘读数指标所处的位置应能够满足:当望远镜视准轴水平时,盘左竖盘读数为 90°,盘右竖盘读数为 270°。

如何操作才能将仪器的竖盘读数指标安放到正确位置呢?传统的光学经纬仪在竖盘一侧安装有与竖盘指标固连在一起的水准管,竖盘读数前,转动竖盘指标水准管微动螺旋使水准管气泡居中,就可达到将竖盘读数指标安放到正确位置的目的。目前的光学经纬仪一般都安装有类似于自动安平水准仪补偿器的竖盘指标自动归零装置,竖盘读数前使该装置处于开启状态,在重力的作用下,竖盘读数指标自动处于正确位置;电子经纬仪加装有竖轴倾斜自动补偿器,可以自动设置和调整竖直角零位。

（2）竖直角计算

由竖直角的定义可知,竖直角是仪器水平视线时所具有的固定值与目标点竖盘读数之差,该固定值就是上述提到的盘左 90° 和盘右 270°。顾及到竖直角计算值的正、负号能够表达相应目标的仰角和俯角,故有必要明确 90° 或 270° 与竖盘读数的相减次序,即判断一台经纬仪半测回竖直角的计算式。

在实际作业时,对于一台初次使用的经纬仪,判断其半测回竖直角计算式的方法是:在盘左位置将望远镜设置成大致的水平状态,观察这时的竖盘读数应该接近90°,再将望远镜设置成明显的仰角状态,如果这时的竖盘读数小于90°,则盘左半测回竖直角计算式应是90°减去目标点竖盘读数,盘右无须重复判断,应是目标点竖盘读数减去270°;如果这时的竖盘读数大于90°,则竖直角计算式的相减次序与上述情况相反。

（3）竖盘指标差

同一目标点盘左、盘右竖盘读数之和理论上应等于360°,而不等于360°的差值或下半测回竖直角与上半测回竖直角之差称之为二倍指标差。表2-2中,M、N两个目标点的指标差计算值分别为 – 12″和 – 13″。

学习指导

用测回法观测竖直角时,每观测一个目标点均可计算出一个指标差,这个数值不单纯是仪器本身存在的指标差,它还包含有观测误差和外界因素的影响在内。也可以这么讲,指标差之间的互差大小反映了观测误差和外界因素对竖直角观测的影响程度。因此,竖直角观测的限差并不针对指标差绝对值的大小,而是对指标差的变动范围规定限差,在"规范"中对不同精度的仪器规定了相应的限差。如果超限,说明观测质量较差,应重新观测。在表2-2示例中,指标差的变动范围仅为1″,表明观测质量很好。

2.2.4 经纬仪的检验和校正

经纬仪的基本结构在理论上应满足以下主要的几何条件,即:照准部水准管轴应垂直于仪器竖轴;十字丝竖丝应垂直于横轴;视准轴应垂直于横轴;横轴应垂直于仪器竖轴;竖盘指标差应为零;对中装置的对中线应与仪器竖轴重合。

在实际生产作业过程中,经纬仪上述几何条件可能会发生较大变化,所以要经常对经纬仪进行必要的检验。如果发现经纬仪各轴线的某项几何条件不满足且超出了容许范围,就要及时进行校正。下面只列出经纬仪主要的检验和校正项目(与几何条件相对应),具体的检验和校正方法可查阅相关的学习资料。

（1）照准部水准管轴的检验和校正。

（2）十字丝竖丝的检验和校正。

（3）视准轴的检验和校正。

（4）横轴的检验和校正。

（5）竖盘指标差的检验和校正。

（6）对中装置的检验和校正。

上述（1）、（6）两项是经纬仪整平和对中装置的检验和校正,在经纬仪安置的作业过程中,实际上也是一个检验的过程。因此,在作业过程中可随时发现（1）、（6）两项所对应的几何条件是否超出了容许范围。由仪器误差分析可知,上述（3）、（4）、（5）项所对应的仪器误差可通过盘左、盘右观测取平均值的作业程序得到有效的消除。

学习指导

（1）经纬仪的检验项目可融入实训任务中随机进行,如发现本组仪器需要校正,应在教师的指导下进行,因为开始操作时容易损坏仪器精细的螺钉及有关部件。

（2）经纬仪的校正方法并不复杂,关键是动手操作的经验积累,操作技能有待于在日后的工作实践中逐步提高。

一、判断题(对的打"√",错的打"×")

1. 视准轴误差对方向值的影响可通过盘左、盘右取平均值的方法得到消除。 (　　)

2. 水平角观测一般用经纬仪观测一个测回。 (　　)

3. 上半测回配制度盘观测结束后,下半测回一般不再配制度盘。 (　　)

4. 竖盘指标差产生的原因是由于竖盘读数指标偏离铅垂位置而引起的。 (　　)

5. 测量竖直角时,如果目标点上竖立的观测标志是水准尺,那么经纬仪十字丝横丝可以照准水准尺的任意一个刻画位置进行观测。 (　　)

二、选择题

1. 光学经纬仪测角过程中,水平度盘(　　)。

　　A. 与照准部一起转动　　　B. 与望远镜一起转动　　　C. 不动

2. 方向观测法测量水平角的测站限差有(　　)。

　　A. 前后视距差　　　　　　B. 前后视距累积差　　　　C. 归零差

3. 经纬仪观测某一点的水平方向值时,如果在该点竖立花杆作为观测标志,那么照准部位尽可能选择花杆的(　　)。

　　A. 底部　　　　　　　　　B. 顶部　　　　　　　　　C. 中部

4. 用 J_6 光学经纬仪照准目标读数时,有三位同学分别对读数的最后一位进行了估读,你认为(　　)这个估读数比较合理。

　　A. 18″　　　　　　　　　B. 19″　　　　　　　　　C. 20″

5. 测量竖直角时,采用盘左、盘右观测,其目的之一是可以消除(　　)对竖直角的影响。

　　A. 对中误差　　　　　　　B. 2C 差　　　　　　　　C. 指标差

6. 消除望远镜视差的方法是(　　)使十字丝和目标影像同时清晰。

　　A. 调节目镜对光螺旋

　　B. 调节物镜对光螺旋

　　C. 反复交替调节目镜对光螺旋和物镜对光螺旋

7. 经纬仪照准某一目标测量竖直角时,观测值的大小与仪器安置高度(　　)。

　　A. 有关　　　　　　　　　B. 成正比　　　　　　　　C. 无关

8. 光学经纬仪的望远镜上下转动时,竖直度盘(　　)。

　　A. 与望远镜一起转动　　　B. 与望远镜相对运动　　　C. 不动

实训任务 2.3　经纬仪的技术操作

实训内容

本次实习首先要熟悉光学经纬仪各部件的使用功能;然后重点练习光学经纬仪的技术操作步骤。

实训条件

(1) J_6 级光学经纬仪 1 台。

(2) 测站点及目标点标志。

（1）准备：在仪器操作大厅现场播放经纬仪的构造和技术操作课件，或由指导教师结合实物现场讲解经纬仪的构造及各部件功能；指导教师示范讲解经纬仪的技术操作步骤。

（2）实施：学生分组认识经纬仪的构造及熟悉经纬仪各部件的使用功能；练习经纬仪的技术操作步骤。

（3）检查：操作过程中小组同学之间互相检查。

（4）评价：操作结束前，各指导教师分别抽查一个小组进行现场评价，并与学生互动提问。

实训目标

能够规范地完成光学经纬仪技术操作步骤（对初次操作仪器的学生而言，重要的是操作的规范性，而操作的熟练性需要在以后的实践中不断提高）。

2.3.1 教学说明——经纬仪技术操作实训

（1）仪器操作的基本要求

测量仪器属精密仪器，操作时要尽可能做到匀速而平稳地转动仪器和旋转各种螺旋。转动照准部或望远镜前应及时松开制动螺旋。制动螺旋一般是靠摩擦制动来阻止仪器自由转动，其旋紧程度以不影响微动螺旋正常工作和望远镜照准目标为宜，过度旋紧可能会对仪器造成不必要的损害。

脚螺旋和微动螺旋不要旋转到其极限位置使用，正常的工作区间应是螺旋的中间部分。刚开始操作仪器，经常会看到这样的现象：顺着同一方向不断地旋转脚螺旋或微动螺旋，直到极限位置还试图继续旋转。这种现象是不正常的，其原因是脚架架头安放过分倾斜或制动时偏离目标太大所致。

（2）测量记录的基本要求

①观测数据应采用硬性铅笔（2H 或 3H）在专用的测量手簿中记录；手簿记录最基本的要求是保持现场原始记录，为此不得涂改、用橡皮擦拭和转抄数据。

②文字书写一般采用仿宋字，字体大小适中、端正清晰，可以省略的文字尽量从简。

③数字书写应采用规范的阿拉伯数字，数字高度一般略大于表格宽度的一半，留出的一半空白作改正错误用。数字记录应齐全，表示精度或占位的"0"不能省略，如水准尺读数 1.500、度盘读数 30°08′00″等。

④观测数据规定可更改部位和不可更改部位，通常数据的前几位是可更改部位，如米位、分米位、度数；数据的后几位是不可更改部位，如厘米位、毫米位、分数、秒数。对于可更改部位，如发生读错、记错现象，可在错误数字上方及时更正，原数字上划一细横线；对于不可更改部位，如有错误，一般应下移一行重测重记。

⑤数据更改不能出现连环更改现象，如单次读数对可更改部位进行了更改，其平均数也跟着进行了相应的修改，这就是典型的连环更改现象。

⑥手簿记录中一行或几行数据需要作废时，应从作废数据部分左上角到右下角用直尺作一条斜线划掉，并在备注栏内用最简化的文字（如超限、读错等）注明原因。

2.3.2 任务实施——经纬仪技术操作实训

(1)认识仪器:熟悉经纬仪各部件的使用功能及工作原理

步骤描述:

在指导教师讲解并示范操作的基础上,小组成员在较短的时间内共同熟悉光学经纬仪各部件的使用功能。结合学习资源中的相关内容,在操作过程中加深对经纬仪工作原理的理解。

? 思考问题

①观察读数窗影像,以1°为间隔的长线和以1′为间隔的短线分别是什么影像?

②为何转动读数显微镜的目镜对光螺旋会同时看清度盘影像和分微尺影像?

③转动度盘变换手轮,为什么水平度盘影像会发生变化?

④为何竖盘读数要设竖盘指标水准管或自动归零装置?

⑤如何操作光学对中器,才能同时看清其分划圈和地面点标志?

(2)安置仪器:用光学对中器使经纬仪对中和整平

步骤描述:

①在测站点上方打开三脚架并装上仪器,调节对中器使分划圈及地面清晰。

②移动脚架或转动脚螺旋使对中器分划圈对准地面点标志,踏实脚架腿尖部。

③伸缩脚架使圆水准器气泡居中。

④调节脚螺旋用管水准器整平,再松开中心连接螺旋平移仪器对中,交替进行直到精确整平及精确对中为止。

训练指导:

①三脚架打开角度及高度要适宜。

②光学对中器是一个小型望远镜。操作时应仔细调节使分划圈和地面点标志同时清晰,存在视差将影响对中精度。

③要达到使对中器分划圈对准地面点标志的目的,视对中器分划圈偏离地面点的程度,可灵活采用三种手段:移动脚架、转动脚螺旋、松开中心连接螺旋平移仪器。

④注意观察指导教师伸缩脚架的手法,操作时应体会如何掌握伸缩幅度才能迅速使圆水准气泡居中。

⑤注意观察指导教师在架头上平移仪器的手法,操作时应避免在架头上笨拙而费力地推动仪器。

(3)照准目标:用望远镜十字丝照准目标

步骤描述:

①首先目视寻找并确定目标点所处的方位,然后利用望远镜上方的粗瞄器对准目标并制动仪器。

②转动物镜对光螺旋进行望远镜调焦,这时目标一般会出现在视场内,否则应松开制动螺旋重新寻找目标。

③调节十字丝和目标同时清晰,检查有无视差现象;如存在视差,应交替调节目镜对光螺旋和物镜对光螺旋。

④转动微动螺旋使十字丝准确照准目标。

训练指导:

①利用粗瞄器可快速捕捉并照准目标,不要直接在望远镜视场内寻找目标。

②在观测过程中,应睁开双眼且面部保持松弛状态,这样有利于消除视差并提高照准精度。

③在观测某一点位的水平方向值时,一般应在点位上竖立一根细杆或觇牌标志,细杆或觇牌的中心应与点位中心处于同一铅垂线上。根据观测距离的远近,细杆的粗细要适宜,以便十字丝竖丝能准确照准。而觇牌标志不存在这个问题,因为专门设计的觇牌三角形标志能适应不同距离的照准需要。

④在观测某一点位的竖直方向值时,如果不能用十字丝横丝直接照准点位,可在点位上竖立水准尺或觇牌标志;然后用十字丝横丝照准水准尺的某一分划或觇牌标志,同时要记录目标高(照准位置距点位顶部的高度)和经纬仪的仪器高,否则所观测的竖直方向值没有实用价值。

(4)读数:读取观测目标的水平方向值或竖直方向值

步骤描述:

①转动读数反光镜,调节读数窗亮度。

②转动读数显微镜目镜对光螺旋,使读数窗分划线清晰。

③读出水平方向值或竖直方向值。

训练指导:

①读数时,要特别注意消除读数显微镜的视差。

②读数后,要习惯性地检查一下目标是否仍然照准良好。

③在读数窗估读秒数时,合理的程序是估读到最小分划值的十分之一。

④在读取竖直方向值前,要考虑竖盘读数指标是否已安放正确。

实训任务2.4　测量水平角

 实训内容

在熟悉经纬仪技术操作的基础上,以实训小组为单位集体完成几个测站的水平角测量任务。具体任务是:首先在通视条件较好的实训场地上选四个点并构成接近等边的两个三角形;然后用测回法或方向观测法分别在四个测站点上进行观测;最后计算两个三角形内角和的闭合差。

 实训条件

(1)经纬仪(根据仪器设备条件、尽量选用 J_2 级光学经纬仪或电子经纬仪)。

(2)具有布点后能够通视的实训场地。

(3)观测标志(根据观测目标的远近选择粗细适宜的杆状标志,或采用带有光学对中器的觇牌标志)。

实训程序

(1)小组成员共同在实训场地选择符合观测要求的点位,设置点位标志并编号。

(2)在点位上分别安置经纬仪进行水平角观测。

(3)整理测量成果并计算三角形内角和的闭合差。

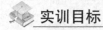 **实训目标**

掌握用测回法和方向观测法测量水平角的基本方法。

2.4.1 教学说明——测量水平角实训

(1)仪器对中

水平角观测过程中,光学对中器的分划圈与测站点标志不应有目视可见之明显偏离,否则,应重新安置仪器进行观测。如果仪器在安置阶段就无法保证照准部旋转到任意位置都能达到上述要求,那就表明该仪器需要进行光学对中器的检校了。

对中误差对水平角的影响与观测目标的远近有关,目标愈近,影响愈大。

(2)仪器整平

水平角观测过程中,照准部水准管气泡的微小偏离是正常的,通常不应超过一格,否则,应整平后重新观测。如果仪器在安置阶段就无法保证水准管气泡在任何方向都不超过一格,那就表明该仪器需要进行照准部水准管的检校了。

仪器整平不完善或照准部水准管本身校正不完善,都会导致仪器竖轴倾斜而产生竖轴误差。竖轴误差对水平角的影响与观测目标的俯仰程度有关,愈接近水平的目标,影响愈小。

(3)照准目标

目标设置不当会产生较大的照准误差,如杆状目标在望远镜视场中的影像粗细与十字丝不匹配、目标照准部位偏离地面点位产生的目标偏心差。另外,目标的样式、背景、亮度和气象条件等因素也会影响望远镜的照准精度。

照准误差对水平角的影响与观测目标的远近有关,目标愈近,影响愈大。因此,在观测目标较近的情况下,应选择较细的杆状目标(如带尖铅笔、测钎等)或觇牌标志。为减小目标偏心差,除杆状目标要立直外,照准部位也要尽量靠近目标底部。

(4)观测程序

为减小系统性误差对水平角的影响,水平角观测程序采取的主要观测措施有:盘左和盘右对称观测,顺时针和逆时针对称转动照准部,不同测回均匀配置度盘读数等。

采取盘左、盘右观测取平均值的观测措施,可消除仪器方面的视准轴误差、横轴误差、照准部偏心差等对水平角的影响。不同测回均匀配置度盘读数,可有效地减弱度盘分划误差对水平度盘读数的影响。

(5)观测成果

测回法观测水平角的成果是角度值,而方向观测法的成果是各观测目标的方向值。角度值是绝对的,它是两个目标方向之间固定的水平夹角;方向值是相对的,它是目标点相对于某一特定方向的水平夹角,方向观测法的成果就是各观测目标相对于零方向的角度。经纬仪的水平度盘读数也是一个方向值,它是目标点方向相对于水平度盘零刻划线的水平夹角。

2.4.2 任务实施——测量水平角实训

(1)任务布置和组织实施

步骤描述:

①在指导教师指定的实训场地上,各实训小组选择四个点并构成两个接近等边的三角形,实地设置点位标志及编号。

②分别在四个点上安置经纬仪进行观测,其中,只有两个观测方向的两个测站点采用测回法观测,具有三个观测方向的另外两个测站点采用方向观测法观测。

③整理测量成果并计算两个三角形内角和的闭合差。

训练指导:

①选点时要控制三角形的边长不要太短,在场地受限而导致边长太短的情况下,观测时应考虑用较细的杆状标志立于目标点上,同时测站点的对中也应特别仔细。否则,对中误差和照准误差在观测距离较短的不利条件下,会对测角结果产生较大的影响。

②本次实训设置的点位属临时性点位,如在校园的硬地上应采用划一细十字线作为点位标志,实训结束后应及时清理点位以保护场地环境。

③水平角测量需要观测几个测回及其相应的观测限差,由指导教师根据实训时间的宽裕程度和所用经纬仪的标称精度而定。

④计算两个三角形内角和的闭合差,可以对实训小组的集体测量成果进行校核,而闭合差是否超限不是本次实训关注的重点。

(2)测回法测量水平角

步骤描述:

①确定测站点、后视目标点、前视目标点。

②核对实地点位的点号并在记录手簿中相应位置填写点号。

③在测站点用光学对中器安置经纬仪。

④盘左位置观测上半测回:先照准后视点读数并记录;然后顺时针旋转照准部照准前视点读数并记录。

⑤盘右位置观测下半测回:先照准前视点读数并记录;然后逆时针旋转照准部照准后视点读数并记录。

⑥在表2-3记录手簿中分别计算上、下半测回的角值。如果上、下半测回角值之差在限差之内,则取其平均值作为一测回角值。否则应重新观测。

水平角观测手簿(测回法)　　　　　　　　　　表2-3

工程名称		日期		观测者	
仪器型号		天气		记录者	

测站	盘位	目标	水平度盘读数	水 平 角		备注
				半测回角值	测回角值	

（3）方向观测法测量水平角

步骤描述：

①确定测站点和目标点，核对实地点位的点号并在记录手簿中相应位置填写点号。

②选择观测条件较好的目标方向作为零方向。

③在测站点用光学对中器安置经纬仪。

④盘左位置进行上半测回观测，最后一步"归零"后马上查看上半测回归零差是否超限；如果在限差之内，继续进行下半测回观测，否则应重测上半测回。

⑤盘右位置进行下半测回观测，最后一步"归零"后马上查看下半测回归零差是否超限；如果超限，应重测整个测回。

⑥计算并查看一测回内各方向 $2C$ 互差是否超限。零方向的 $2C$ 互差超限应重测整个测回；其他方向 $2C$ 互差超限时，应重测超限方向并与零方向联测，但重测方向数超过所测方向总数的 1/3（包括观测三个方向有一个方向重测）时，该测回应重测。

⑦在表 2-4 记录手簿中计算一测回归零方向值。

水平角观测手簿（方向观测法）   表 2-4

等级		测区			小 组			
仪器		天气			观测者			
日期		成像			记录者			

测站	测回数	目标	读　数		2C（左−右）	（左+右）/2方向值	归零方向值	各测回平均方向值	备　注
			盘左	盘右					

实训任务 2.5 测量竖直角

 **实训内容**

本次实训分别在两个地面点上安置经纬仪,进行竖直角对向观测。除重点掌握竖直角观测的基本方法外,在丈量两点间水平距离的基础上,还应用所测量的竖直角推算上述两个地面点之间的高差。

实训条件

(1)能够布设两个相距100～300m的点位且较为平坦的实训场地。

(2)仪器工具:J₆级电子或光学经纬仪一台;水准尺一把;小盒尺一个;钢尺一把;花杆三根;测钎一束。

实训程序

(1)以实训小组为单位选择两个点作为竖直角观测的测站点,实地设置点位标志及编号。

(2)用钢尺往返丈量上述两个点的水平距离。

(3)分别在两个点上安置经纬仪,进行竖直角对向观测。

(4)分别计算两点间往测和返测高差并计算闭合差。

实训目标

(1)掌握钢尺量距的基本方法。

(2)掌握竖直角观测的基本方法。

(3)初步了解竖直角的测量与应用。

2.5.1 教学说明——测量竖直角实训

(1)竖盘读数

光学经纬仪的竖盘注记及读数曾经有多种形式,经过几十年的发展,经纬仪的竖盘注记形式及读数逐渐趋于一致,目前使用的经纬仪基本上都采用有关教学资源所述的顺时针注记形式。

(2)竖盘指标差

对某一目标的竖直角进行一测回观测,虽然指标差的影响可用盘左、盘右取平均值的方法得到消除,但在实际工作中,如果指标差的绝对值太大,对于计算工作很不方便,尤其是只用一个盘位观测的情况,因此在实际工作中还须将指标差校正到一定的范围之内。

(3)竖直角应用

测量竖直角通常是为了计算两地面点之间的高差。如图2-9所示,将经纬仪安置在 A 点上,照准 B 点所立标志的特定部位,测量竖直角 α,用小钢尺量

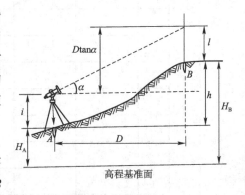

图2-9 竖直角测量与应用

取仪器高 i 和目标高 l。如果用钢尺丈量 A、B 两点间距离 D，则 A、B 两点间高差可用下式计算：

$$h = D\tan\alpha + i - l \qquad\qquad (2\text{-}2)$$

由上述作业过程可以看出，在竖直面内的直角三角形中，三条边长分别是 A、B 两点间的斜距、平距和垂距，其与竖直角的几何关系可用三角公式来表达。通过量取仪器高 i 和目标高 l，将垂距（图 2-9 中 $D\tan\alpha$）转化为地面上两点间的高差。

钢尺量距的内容也许在本学习阶段还未接触，由于其容易理解和操作简单，只要指导教师在实训现场稍加指点，就可以将其附加在本次实训中一并完成。

2.5.2　任务实施——测量竖直角实训

（1）设置测量点位并量距

步骤描述：

①在指导教师指定的实训场地上，各实训小组选择两个点作为竖直角观测的测站点，实地设置点位标志及编号。

②用钢尺往返丈量上述两个点的水平距离，留作计算时备用。

训练指导：

①所选两点要距离适中且相互通视，两点距离控制在 100～300m 为宜。

②本次实训设置的点位属临时性点位，如在校园的硬地上应采用画一细十字线作为点位标志，实训结束后应及时清理点位以保护场地环境。

③钢尺量距采用花杆定线，往返丈量的相对误差 K 值应小于 1/2000。

（2）竖直角对向观测

步骤描述：

①将经纬仪安置在其中一个地面点上，并用小盒尺量取仪器高；另一地面点竖立水准尺。

②用望远镜十字丝横丝照准水准尺某一整分划位置进行两测回竖直角观测；观测数据记录于表 2-5 手簿中，并记录水准尺上照准位置的目标高。如果指标差互差超过 15″ 或竖直角互差超过 25″，则应重新观测。

③经纬仪和水准尺互换位置进行对向观测，其观测方法及限差要求同上。

训练指导：

①仪器高是经纬仪横轴中心距测站点的高度，一般在经纬仪横轴支架一侧有一小圆点，即为横轴的中心位置。在用小盒尺量取仪器高时，你可能已注意到尺身无法垂直而带来的量距误差；由于该误差对后续计算两点间高差有直接影响，你可以根据经验和实际估算值对其进行有效的修正。

②目标高是望远镜十字丝横丝照准位置距立尺点的高度，由于本次实训所用的观测标志是水准尺，故望远镜横丝在水准尺上的读数即为目标高。

③在竖直角观测时，水准尺应保持竖直，同时尺面与点位中心应处于同一竖直面内。

④用光学经纬仪进行竖直度盘读数前，要特别注意所用仪器的竖盘指标自动归零装置是否正常工作。

⑤仪器高和目标高记录于表 2-5 中相应的备注栏内。

| 工程名称 | | | 日期 | | | 观测者 | |
| 仪器型号 | | | 天气 | | | 记录者 | |

测站	目标	盘位	竖盘读数	竖直角值			备注
				半测回角值	指标差	测回角值	

(3)整理观测成果及计算两点间高差值

步骤描述：

①整理观测手簿的观测成果,分别计算出两个测站各自的竖直角两测回平均值。

②计算钢尺往返丈量两点间水平距离的平均值。

③根据水平距离和竖直角观测值,按式(2-2)分别计算两点间往测和返测的高差值。

④计算往测和返测的高差闭合差。

学习单元3　全站仪测量

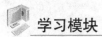

学习模块

学习模块3.1　电磁波测距

学习模块3.2　全站仪的使用

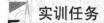

实训任务

实训任务3.3　全站仪的基本测量

实训任务3.4　全站仪坐标测量与放样

全站仪测量描述

全站型电子速测仪简称全站仪,是由电子角度测量系统、光电测距系统和微处理机三个主要部分组成的智能型光电测量仪器。其基本测量功能是角度测量和斜距测量,微处理机可对测量数据进行计算处理,如计算并显示平距、高差以及镜站点的三维坐标,并可利用存储单元和输入输出设备完成数据的存储与传输。

全站仪借助于机内固化或用户预装的软件,还可以组成多种测量功能,如进行放样测量、偏心测量、悬高测量、对边测量、面积计算、土方计算、路线及管线测量等模块化测量作业。因此,全站仪测量技术在土木工程勘测设计、施工、运营、养护各个阶段,有着广泛的应用并趋向普及。

由于全站仪的操作系统和应用程序随仪器的品牌和型号不同有着较大差异,故学习全站仪测量不必寻求一个统一的操作步骤,而要以掌握其所具备的基本功能和操作思路为主。对于在校学生来讲,通过操作练习应能够描述全站仪的基本功能以及实现这些功能的操作思路。本学习单元以此为出发点,着重安排了以下学习内容:

(1)掌握电磁波测距原理及测距成果整理的相关内容,熟悉全站仪的构造和各部件的功能,了解全站仪的典型应用程序。

(2)结合全站仪的角度、距离测量原理和仪器构造,充分理解其操作思路,完成全站仪基本测量实训。

(3)全站仪坐标测量与放样实训。

学习模块 3.1　电磁波测距

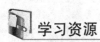

学习资源

(1)所用教材相关内容。

(2)教师推荐的学习资源。

（3）精品课程网络资源及有关学习课件。

（4）图书馆有关电磁波测距方面的资料。

学习要点

（1）电磁波测距的基本原理。

（2）测距成果的整理中反射镜常数和气象改正的内容。

3.1.1　电磁波测距的基本原理

电磁波测距的基本原理，是通过测定电磁波波束在待测距离两端点间往返一次的传播时间 t，利用电磁波在大气中的传播速度 c，来计算两点间的距离。如图 3-1 所示，欲测 A、B 两点间的距离 D，在 A 点安置电磁波测距仪，在 B 点设置反射棱镜，测距仪发出的电磁波信号经反射棱镜返回到测距仪主机上，则距离 D 可以按照下式计算：

$$D = c \cdot t/2 \tag{3-1}$$

式中：c——电磁波在大气中的传播速度；

$\quad\quad t$——往返路线之间传播时间。

在电磁测距中，测量时间一般有两种方法：直接测时和间接测时。脉冲式光电测距属于直接测时。因为其可以不用反射棱镜，直接用被测目标对高频光脉冲产生的漫反射进行测距，所以应用于全站仪当中实现了地形测量中的免棱镜测量。对于精密测距，多采用属于间接测时的相位式光电测距。

相位式光电测距是将发射的光波调制成正弦波的形式，通过测量正弦光波在待测距离上往返传播的相位移来解算距离的，如图 3-2 所示，将返程的正弦波以棱镜站 B 点为中心对称展开后的图形。正弦光波振荡一个周期的相位移是 2π，假设发射的正弦波经过 $2D$ 距离后的相位移为 φ，则 φ 可以分解为 N 个 2π 整数周期和不足一个整数周期的相位移 $\Delta\varphi$，即有：

$$\varphi = 2\pi N + \Delta\varphi \tag{3-2}$$

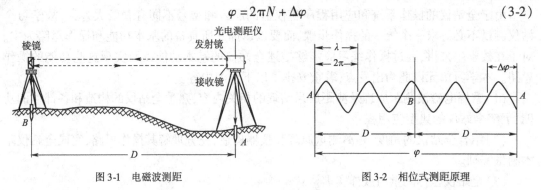

图 3-1　电磁波测距　　　　　　　　　　　　　　　　图 3-2　相位式测距原理

正弦光波的振荡频率为 f，由于频率表示一秒钟振荡的次数，振荡一次的相位移为 2π，则正弦光波经过时间 t 后振荡的相位移为：

$$\varphi = 2\pi f t \tag{3-3}$$

则有：

$$t = \frac{\varphi}{2\pi f} \tag{3-4}$$

可求得距离 D 为：

$$D = \frac{1}{2} c \frac{\varphi}{2\pi f} = \frac{c}{2f} \left(N + \frac{\Delta\varphi}{2\pi} \right) \tag{3-5}$$

可知调制光的波长：
$$\lambda = \frac{c}{f} \quad\quad\quad (3\text{-}6)$$

则
$$D = \frac{\lambda}{2}\left(N + \frac{\Delta\varphi}{2\pi}\right) \quad\quad\quad (3\text{-}7)$$

令 $u = \frac{\lambda}{2}$，$\Delta N = \frac{\Delta\varphi}{2\pi}$，

则
$$D = u(N + \Delta N) \quad\quad\quad (3\text{-}8)$$

式(3-8)是相位式光电测距的基本公式。如果能够测出正弦光波在待测距离上往返传播的整周期相位移数 N 和不足一个周期的余数 ΔN，就可以测定距离 D。但测相装置只能测定不足一个整周期的相位移 $\Delta\varphi$，不能测定整周期数 N。因此，要想使仪器具有较大的测程，就应选用较长的光尺(通过改变调制信号的频率 f 来改变光尺长度)，但相位计的测距误差和测尺长度成正比例，增大测尺长度会使测距误差增大。为了兼顾测程和测距精度，仪器中采用不同的测尺长度，即所谓的"粗测尺"(长度较长的尺)和"精测尺"(长度较短的尺)同时测距，然后将粗测结果和精测结果组合得到最后的测距结果。

精、粗测尺测距结果的组合过程由测距仪内的微机处理器自动完成，并由显示窗口显示出测距结果。若待测距离较大，还需加第三把测尺。不同测尺频率的组合过程，也是由测距仪的微机处理器自动完成的。

❓**思考问题**

(1)相位式测距，为什么测出调制光的相位移就可以解算出所测距离？

(2)电磁波测距仪为什么要调制出不同频率的光波用于同一段距离测量？

3.1.2　测距成果整理

外业获得的电磁波测距结果只是被测距离的一个初始值，需要进行一系列的改正计算，才能成为建立控制网或工程中可用的距离观测值。这些改正计算大致上可分为四类：仪器系统误差改正、大气折射改正、倾斜改正和距离化算方面的改正。

(1)仪器系统误差改正

仪器系统误差改正，包括加常数改正、乘常数改正和周期误差改正。

加常数分为仪器加常数和棱镜加常数。仪器加常数是由于仪器的光学回路、电路时间延迟等因素造成的，仪器出厂时已测定并进行补偿；在搬运及使用过程中，仪器加常数可能随着电路参数的漂移发生变化，应定期检定并重置。而棱镜加常数按设计精确制定后不会变动，可在距离观测前置入仪器，这样显示的距离读数值是已经进行了改正的结果。

乘常数误差是由精测频率偏离其标准值引起的；而周期误差则是由仪器内部电子线路的串扰信号干扰测距信号所导致，均应按要求定期检定、改正。

(2)大气折射改正

电磁波测距的原理式为 $D = c \cdot t/2$，这里 c 是距离测量时电磁波在大气中的传播速度，c 可表示为：
$$c = \frac{c_0}{n} \quad\quad\quad (3\text{-}9)$$

其中，$c_0 = 299792458\,\text{m/s}$，为真空中的波速；$n$ 为大气折射率，是温度、气压和湿度的函

数,在短程测距中湿度对 n 的影响常忽略不计。由此可知,电磁波在大气中的传播速度 c 随大气条件而变,外业测量时需要根据实际的气象参数对距离观测值进行气象改正。

传统的改正方法是通过给定的公式计算或在气象改正图表上查读气象改正比例因子,而现在一般由仪器自动计算并进行气象改正,温度、气压值由带传感器的仪器自动感应或观测者键盘输入。

（3）倾斜改正

电磁波测距的结果经加常数、乘常数和气象改正后,得到倾斜距离 D_α,利用测点之间的高差 h 或测线的竖直角 α,可改正计算出水平距离 S'。全站仪按式（3-10）计算并直接显示平距。

$$S' = D_\alpha \cdot \cos\alpha \tag{3-10}$$

（4）距离化算方面的改正

式（3-10）计算的距离是测站所在高程面上的实测距离,如果所测距离要在统一高斯平面直角坐标系中进行坐标计算,那么还应对测距成果进行以下两项改正计算:

①归算到大地水准面上的改正,计算公式为:

$$S = S' + \Delta S_H \tag{3-11}$$

$$\Delta S_H = -S' \frac{H_m}{R} \tag{3-12}$$

式中：S——S'归算到大地水准面上的距离;

　　ΔS_H——将 S' 归算到大地水准面的改正数;

　　H_m——测站与镜站的平均高程;

　　R——地球平均半径,采用 6371km。

②投影到高斯平面上的改正,计算公式为:

$$\Delta S = S \frac{y_m^2}{2R^2} \tag{3-13}$$

式中：ΔS——将 S 投影到高斯平面的改正数;

　　y_m——S 距轴子午线的平均距离。

？ 思考问题

（1）电磁波测距可能的误差来源有哪些?

（2）改正值与所观测距离有比例关系的改正项目有哪些?

 自我测试

一、判断题（对的打"√",错的打"×"）

1. 测距仪测量时间的方式可以分为相位式和脉冲式。　　　　　　　　　　（　　）

2. 电磁波测距一般要根据测距时的气温和气压进行气象改正。　　　　　　（　　）

3. 测相装置只能测定不足一个整周期的相位移,不能测定整周期数。　　　（　　）

4. 空气湿度对大气折射率 n 的影响可忽略不计。　　　　　　　　　　　（　　）

5. 电磁波测距可直接测得两点间的水平距离。　　　　　　　　　　　　　（　　）

二、选择题

1. 光电测距成果的改正计算有（　　　　）。

A. 仪器系统误差改正 　　　　　　B. 气象改正

C. 归算改正 　　　　　　　　　　D. 测程改正

2. 距离归算方面的改正包括(　　)。

A. 气象改正 　　　　　　　　　　B. 归算到椭球面的改正

C. 投影到高斯平面的改正 　　　　D. 三轴关系改正

3. 测距仪的加常数包括(　　)。

A. 仪器加常数 　　　　　　　　　B. 仪器对点误差

C. 反射棱镜常数 　　　　　　　　D. 反射棱镜对点误差

4. 导致测距仪产生乘常数的原因是(　　)。

A. 周期误差　　　　B. 频率误差　　　　C. 照准误差　　　　D. 投影误差

学习模块 3.2　全站仪的使用

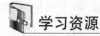

学习资源

(1) 所用教材相关内容。

(2) 教师推荐的学习资源。

(3) 精品课程网络资源及有关学习课件。

(4) 查阅全站仪厂商有关网页。

(5) 测量仪器室展出的不同时期全站仪实物及介绍。

(6) 图书馆有关全站仪方面的资料。

学习要点

(1) 全站仪的构造。

(2) 全站仪的基本测量功能。

(3) 全站仪的典型应用程序。

3.2.1　全站仪的构造

全站型电子速测仪简称全站仪,由光电测距仪、电子经纬仪和数据处理系统组合而成。其结构原理如图 3-3 所示,上半部分包含有测量的四大光电系统,即水平角测量系统、竖直角测量系统、水平补偿系统和测距系统。通过键盘可以输入操作指令、数据和设置参数。以上各系统通过 I/O 接口接入总线与微处理机联系起来。

微处理机(CPU)是全站仪的核心部件,主要由寄存器系列(缓冲寄存器、数据寄存器、指令寄存器)、运算器和控制器组成。微处理机的主要功能是根据键盘指令启动仪器进行测量工作,执行测量过程中的检核和数据传输、处理、显示、储存等工作,保证整个光电测量工作有条不紊地进行。输入输出设备是与外部设备连接的装置(接口),数据存储器是测量的数据库。

全站仪具有的显著特点是三同轴望远镜,即:在全站仪的望远镜中,照准目标的视准轴、光电测距的红外光发射光轴和接收光轴是同轴的,其光路如图 3-4 所示。因此,测量时使望远镜照准目标棱镜的中心,就能同时测定水平角、竖直角和斜距。

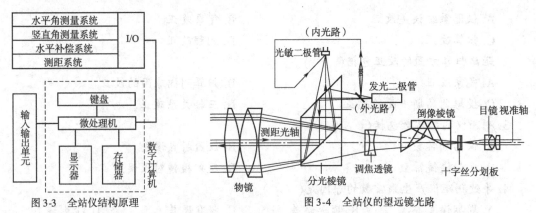

图 3-3　全站仪结构原理　　　　　　图 3-4　全站仪的望远镜光路

不同品牌、型号全站仪的外貌和结构各异,但功能却大同小异。国产南方 NTS－300 系列全站仪的键盘如图 3-5 所示。

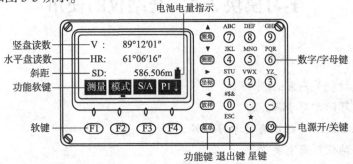

图 3-5　南方 NTS－300 系列全站仪键盘

全站仪的各项操作都需要在键盘上进行,其中电源开关键、照明键、操作键和字母数字键都比较直观,而操作面板左下方的 F1～F4 功能键,通常称之为软键。按照仪器出厂或用户自定义的键功能分配,每个软键可实现若干不同的功能,不同操作状态下软键的具体功能提示在显示窗底部。

全站仪在进行距离测量时,需要配合全反射棱镜作为反射器,棱镜是用光学玻璃精制而成的四面体,可将入射光经折射后沿原入射方向反射回去。图 3-6 是全站仪常用棱镜与基座。由于光在玻璃中的折射率比空气中高,导致传播速度变慢,所用的超量时间会使测距结果较实际值偏大,其数值称为棱镜常数。测距前将棱镜常数输入仪器中,仪器会对所测距离进行改正。

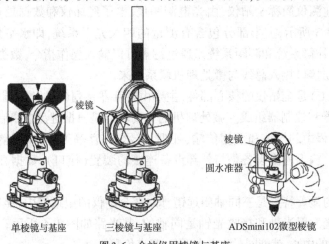

单棱镜与基座　　　　　三棱镜与基座　　　　ADSmini102微型棱镜

图 3-6　全站仪用棱镜与基座

思考问题

(1)简述全站仪测量角度和距离的原理。

(2)全反射棱镜的主要特点是什么?

3.2.2　全站仪的基本测量功能

全站仪的基本测量功能是指角度测量和距离测量。

(1)角度测量

全站仪测角系统相当于电子经纬仪,利用光电扫描度盘测定水平角、竖直角和进行水平度盘配置。仪器开机后电子测角系统即开始工作,并随仪器望远镜照准目标的变化实时显示观测数据,观测者按照操作经纬仪测角的方法即可进行角度测量。

(2)距离测量

全站仪的光电测距系统可以测定测站点与目标点的斜距 SD,仪器微处理机根据电子测角系统提供的竖直角 α 按式(3-14)、式(3-15)计算并显示平距 HD 和垂距 VD。

$$HD = SD \cdot \cos\alpha \tag{3-14}$$

$$VD = SD \cdot \sin\alpha \tag{3-15}$$

如果用小钢尺量取了测距时的仪器高和棱镜高,则仪器显示的垂距 VD 就可转化为地面上两点间的高差。

距离测量时,首先要设置正确的气象改正比例因子,选择棱镜类型并设置棱镜常数。当输入测距时的温度和气压值,全站仪自动计算气象改正比例因子(也可以通过公式计算或查图后直接输入),并对测距结果进行改正。

测距参数设置完成后,照准目标棱镜中心,按测距键,距离测量开始,测距完成后显示斜距、平距、垂距。在距离测量时,可以按需求选择不同的测距模式。全站仪的测距模式通常有精测模式、粗测(速测)模式和跟踪模式三种。精测模式是常用的测距模式;粗测模式速度较快而精度也较精测模式低;跟踪模式速度最快,用于移动目标或放样时连续测距。

思考问题

(1)全站仪测量水平角时有无必要进行度盘配置?

(2)全站仪的左、右角观测是否可以代替正倒镜观测? 为什么?

(3)全站仪参数设置中,用户可自行选择的角度、距离、温度和气压的单位有哪些?

(4)当温度为15℃,气压为760mmHg 时,气象改正值 ppm 如何取值?

3.2.3　全站仪的典型应用程序

全站仪的应用程序通常有三维坐标测量、坐标放样测量、对边测量、悬高测量、偏心测量、面积测量等。以下是土木工程测量常用的典型应用程序。

(1)三维坐标测量

如图 3-7 所示,$A(X_A, Y_A, H_A)$ 为测站点,$B(X_B, Y_B, H_B)$ 为后视点,全站仪直接测算 P 点三维坐标的数学表达式为:

$$X_P = X_A + D_{AP}\cos\alpha_{AP} \tag{3-16}$$

$$Y_P = Y_A + D_{AP}\sin\alpha_{AP} \tag{3-17}$$

$$H_P = H_A + S\sin\alpha + h_i - h_r \tag{3-18}$$

式中:D_{AP}——AP 点间的水平距离;

  α_{AP}——已知方向 AP 的坐标方位角;

  α——AP 间视线的竖直角;

  h_i——仪器高;

  h_r——棱镜高。

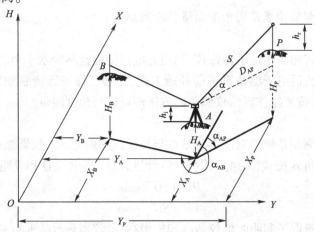

图 3-7 三维坐标测量计算原理图

全站仪三维坐标测量的一般操作方法是:

①设置棱镜常数、气象改正比例因子或气温、气压值。

②建站:在测站 A 安置全站仪后,将测站点的三维坐标、仪器高通过键盘进行输入。

③后视定向:通常是直接输入后视点的平面坐标值,由仪器通过测站点与后视点的坐标计算出后视方向的方位角,然后照准后视点并确认即可。也可以通过输入后视方向的方位角来进行定向。

④输入棱镜高。

⑤照准待测点目标棱镜,按坐标测量键,全站仪开始测距并计算显示待测点的三维坐标。

(2)坐标放样测量

坐标放样测量用于在实地上标定出坐标值为已知的点。坐标放样的计算原理和操作方法与坐标测量类似,不同之处在于放样点是坐标已知,而位置未知。在放样过程中,仪器实时对棱镜进行观测并显示角度、距离和高差的实测值与放样值之差,根据显示的偏离值指挥棱镜移动,直至偏离值为零,此时棱镜所处位置即为要测设的点位。

(3)对边测量

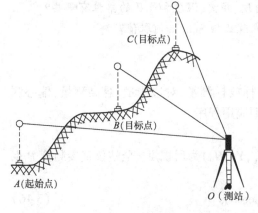

C(目标点)

B(目标点)

A(起始点)

O(测站)

图 3-8 对边测量

如图 3-8 所示,在测站点 O 通过对距离 D_{OA}、D_{OB} 和角度 $\angle AOB$ 的观测,则可通过余弦定理计算出 A、B 两点间的平距 D_{AB},同时可通过测得的高差 h_{OA}、h_{OB},计算出 A、B 两点间的高差 h_{AB}:

$$h_{AB} = h_{OB} - h_{OA} \tag{3-19}$$

— 44 —

全站仪的对边测量功能就是按照上述过程,直接测定 *AB*、*BC* 或 *AC* 点间的平距和高差的,且无须建站、定向,无须量取仪器高和棱镜高,只要棱镜高一致即可。由于观测简便快捷,对边测量功能在路线横断面测量等方面应用十分广泛。

? 思考问题

(1)全站仪完成后视定向后为什么应进行后视检查?

(2)全站仪坐标放样的精度与放样距离的远近有何关系?

自我测试

一、判断题(对的打"√",错的打"×")

1.全站仪的加常数和乘常数愈小,其测距精度愈高。 ( )

2.全站仪的测距精度高于光电测距仪的测距精度。 ( )

3.全站仪的测角精度一般高于电子经纬仪的测角精度。 ( )

4.全站仪的测角精度高于光学经纬仪。 ( )

5.全站仪可以测定两点间的高差。 ( )

二、选择题

1.全站仪由( )组成。

　　A.光电测距仪　　　　　　　　　　B.电子经纬仪

　　C.数据处理系统　　　　　　　　　D.高精度的光学经纬仪

2.全站仪的基本测量功能是测量( )。

　　A.角度、距离、坐标　　　　　　　B.角度、距离

　　C.角度、距离、高差　　　　　　　D.距离、坐标

3.全站仪的主要技术指标有( )。

　　A.最大测程　　　B.测距标称精度　　　C.测角精度　　　D.放大倍率

4.全站仪除能自动测距、测角外,还能快速完成一个测站所需的工作,包括( )。

　　A.计算平距、高差　　　　　　　　B.计算三维坐标

　　C.按水平角和距离进行放样测量　　D.按坐标进行放样

5.三角高程测量要求对向观测竖直角,计算往返高差,主要目的是( )。

　　A.有效地抵偿或消除球差和气差的影响

　　B.有效地抵偿或消除仪器高和觇高测量误差的影响

　　C.有效地抵偿或消除竖直角读数误差的影响

　　D.有效地抵偿或消除度盘分划误差的影响

实训任务 3.3　全站仪的基本测量

实训内容

首先要熟悉全站仪各部件的功能,然后练习水平角、竖直角观测和距离测量的操作方法。

实训条件

以小组为单位借领全站仪一台;以班级为单位借领单、三棱镜各一套。

（1）准备：在仪器操作大厅现场播放全站仪的构造和操作课件，或由指导教师结合实物现场讲解全站仪的构造及各部件功能；指导教师讲解示范全站仪角度和距离测量的操作方法。

（2）实施：学生分组熟悉全站仪的构造及其各部件的功能；练习全站仪角度和距离的测量方法。

（3）检查：操作过程中个人按要求规范操作，小组同学之间互相检查。

（4）评价：操作结束前，指导教师分别抽查一个小组进行现场评价，并与学生互动提问。

实训目标

通过对一台特定品牌、型号全站仪的操作，对全站仪的构造及基本测量功能形成一个总体认识。

3.3.1 教学说明——全站仪的基本测量实训

（1）角度测量

全站仪进行角度测量的方法与电子经纬仪相同，照准目标点棱镜中心后即可读数，屏幕显示 V 为竖盘读数，H 为水平度盘读数。一般使用与棱镜配套使用的专用觇牌作为目标点的照准标志，照准时十字丝横丝应与觇牌的水平向三角尖部重合，竖丝则应与竖向三角的尖部重合。觇牌的优点是可以适应远近不同的目标点使之均能获得较高的照准精度。

实训内容安排了两个测回的水平角观测和一个测回的竖直角观测。首先是为了对易混淆的盘左、盘右状态和 HR/HL 转换功能（电子度盘顺、逆时针刻画）进行区别；然后对水平角的置零和置盘功能练习掌握。

另外，全站仪大都可以提供竖轴倾斜误差的自动补偿，在补偿范围内自动完成对观测数据的改正，超出补偿范围则提示倾斜超限。该功能通常选择为打开，但遇风力较大或振动观测条件时，可关闭倾斜改正功能，但应严格整平仪器。

（2）距离测量

距离测量必须选用与全站仪配套的反光棱镜共同完成，由于光电测距观测的是仪器中心到棱镜中心的倾斜距离，因此仪器和棱镜均需要精确对中、整平，并准确输入棱镜常数（PSM）。由于光在大气中的传播速度会随大气的温度和气压而变化，所以距离观测时还应输入测距时的温度（T）和气压值（P），全站仪会自动计算大气改正值（ppm），并对测距结果进行气象改正，若仪器可自动感应温度和气压，可省去输入过程。

在距离测量前除了进行气象改正和棱镜常数设置外，还应明确测距模式。仪器一般有精测（F）、粗测（C）和跟踪（T）三种测距模式，其观测精度递减，速度递增，用户可根据需要进行选择。若使用免棱镜全站仪进行观测，还应选择相应的目标类型，如棱镜（P）、反射片（S）和免棱镜（N 或无合作）。

距离测量模式的显示界面通常都设置为 HR（水平方向值）、HD（水平距离）和 VD（垂距或高差）三项，其中 HD 和 VD 是根据实测的斜距和竖直角计算出来的。由于该模式下一般不设定仪器高和棱镜高，所以 VD 值仅是全站仪横轴中心与棱镜中心的高差。

3.3.2 任务实施——全站仪的基本测量实训

（1）认识仪器：填写全站仪的相关信息

①生产厂家：_____

②仪器型号：_____

③标称精度：测角_____　　　测距_____

④仪器倾斜改正补偿范围：_____

⑤仪器是否能进行免棱镜观测：_____

⑥测程：单棱镜_____　　三棱镜_____　　免棱镜_____

⑦对中方式：_____

⑧仪器制微动系统是否同轴设置：_____

⑨电池容量、充电时间：_____

⑩仪器内存容量、有无扩展内存卡及其类型：_____

（2）安置仪器和棱镜

步骤描述：

分别在点位上安置仪器和棱镜。

训练指导：

安置过程包括对中和整平，操作方法同经纬仪的安置，不再详述。

（3）水平角和竖直角观测

步骤描述：

①按照仪器的品牌及型号在附录或仪器说明书中查看相应说明。

②开机后进入角度测量模式。

③按照测回法的观测步骤，进行两个测回的水平角观测。

④对任一目标进行一个测回的竖直角观测，并计算竖盘指标差 X。

训练指导：

①有些全站仪开机后需要望远镜过竖直角零位，则应旋转望远镜激活仪器。

②对水平角进行两个测回的观测，应掌握置零和置盘两项功能，尝试 HR/HL 的转换功能。填写表 3-1。

水平角观测记录表　　　　　　　　　　　　　　　　　　表 3-1

测 站	测回数	盘 位	目 标	水平盘读数 (° ′ ″)	半测回 水平角值 (° ′ ″)	一测回 水平角值 (° ′ ″)	二测回 水平角值 (° ′ ″)
	1	左		0 00 00			
		右					
		左					
		右					
	2	左		90 00 00			
		右					
		左					
		右					

③对竖直角进行观测时应体会觇牌对照准的辅助作用，还可以切换竖盘的显示。填写表 3-2。

测 站	目 标	盘 位	竖直盘读数 (° ′ ″)	半测回竖直角 水平角值 (° ′ ″)	竖盘指标差 (° ′ ″)	一测回竖直角 (° ′ ″)	备 注
		左					
		右					
		左					
		右					
		左					
		右					
		左					
		右					

（4）距离测量

步骤描述：

①置入温度、气压和棱镜常数三项测距参数。

②进入测距模式，照准目标棱镜后以相应的观测模式和观测次数进行距离测量。

训练指导：

①温度、气压和棱镜常数三项测距参数最好在开机后立即进行设置。

②分别选择测距模式为精测（F）、粗测（C）和跟踪（T）进行观测，并比较观测精度及所需时间的差异。

③若使用免棱镜全站仪进行观测，尝试切换目标类型，如棱镜（P）、反射片（S）和免棱镜（N或无合作）进行观测。

④分别设置默认的距离观测次数为1次、2次和重复观测。填写表3-3。

距离测量记录表　　　　表3-3

测 段	方 向	平距(m)	均值(m)	K
	往测			
	返测			
	往测			
	返测			
	往测			
	返测			
	往测			
	返测			

实训任务 3.4 全站仪坐标测量与放样

实训内容

熟悉全站仪坐标测量与放样的原理,操作全站仪完成若干点的坐标测量与放样练习,掌握操作方法。

实训条件

以小组为单位借领全站仪一台,棱镜两套(分别配合三脚架和对中杆使用),小钢尺一把;实训场地内设有若干个坐标已知的点(也可现场假定)。

实训程序

(1)在实训场地内选择两个点,获取或现场假定其坐标值,一个作为测站点,另一个作为后视定向点。

(2)教师指导学生完成建站和定向工作并提供放样数据后,学生分组首先进行全站仪放样测量。可放样三个点,构成三角形,通过实测三角形边长与计算边长的比较,分析放样精度。

(3)完成放样测量工作后,再对已放样点进行坐标测量,并分析比较坐标数据。

实训目标

能够清晰地描述全站仪坐标测量与放样的操作思路,并系统地完成相应的操作过程。

3.4.1 教学说明——全站仪坐标测量与放样实训

(1)全站仪坐标测量

全站仪坐标测量的原理是用极坐标法直接测定待定点坐标,也就是在已知测站点架设全站仪,后视另一已知点定向;再照准待定点棱镜,同时采集角度和距离观测值,经微处理器实时进行数据处理,由显示器输出测量结果。

观测中需要说明的有以下几点:

①全站仪上多用(N,E,Z)表示点的三维坐标,其中N对应X、E对应Y、Z对应H。

②坐标测量之前应准确设置气温、气压值和棱镜常数;然后准确量取仪器高、棱镜高并输入全站仪。

③后视定向完成后应进行后视检查,即检查后视点的实测坐标与已知值的符合情况。

④全站仪坐标测量结果属于间接观测值,其测量精度取决于直接观测值(角度和距离)的测量精度。特别应该注意的是,坐标测量结果(N,E,Z)仅是由半测回的测角数据和一次单向观测的距离计算出来的。

(2)全站仪坐标放样

放样的基本工作包括角度和距离、平面位置及高程放样等多种形式,实训安排进行平面坐标放样。坐标放样是坐标测量的逆过程,二者测量原理相同。在放样过程中,首先要完成建站和后视定向的工作,之后输入放样点的坐标,仪器便会自动计算出测设该点对应的角度和距离。照准棱镜测量,仪器屏幕将提示水平角差值(dHA)和平距差值(dHD),根据提示指挥棱镜移动,直至 dHA 和 dHD 均为零时,棱镜所处位置即为放样点的平面位置。

3.4.2 任务实施——全站仪坐标测量与放样实训

(1)建站、定向

步骤描述:

①在测站点上安置仪器并在后视点上用三脚架安置棱镜,准确量取仪器高和棱镜高,精确至1mm。

②开机并进行测距参数设置后,将测站点的三维坐标和仪器高置入仪器。

③将后视点的平面坐标(或方位角)和棱镜高置入仪器后按照提示照准后视点定向并确认。

训练指导:

①测站点和后视点的坐标值可预先输入,进行调用。

②若进行平面坐标测量或放样,可不输入测站点、后视点的高程和仪器高、棱镜高。

③后视定向完成后应实测后视点的坐标,分析其与已知值的符合情况。

(2)全站仪坐标测量

步骤描述:

旋转仪器照准目标棱镜(置于对中杆上),即可对该镜站点进行平面或三维坐标测量。填写表3-4。

全站仪坐标测量记录表　　　　　　　　　　　　　表3-4

仪器型号:		仪器高:		棱镜高:	
测站点: $x=$		$y=$		$H=$	
定向点: $x=$		$y=$			

序 号	觇点	坐 标(m)			备 注（点位、类型等）
		$N(X)$	$E(Y)$	Z	
1					
2					
3					
4					

训练指导:

①本实训内容宜在全站仪数据采集模式下进行。

②当目标棱镜的高度或棱镜常数改变时,应及时进行修正。

(3)全站仪坐标放样

步骤描述:

将待放样点的平面坐标输入到仪器中,根据仪器提示的角度、距离和高差偏差进行放样,利用对中杆标定放样点位后做标志(填写表3-5)。

仪器型号:		仪器高:		棱镜高:	

测站点: $x =$　　　　　　 $y =$　　　　　　　　 $H =$

定向点: $x =$　　　　　　 $y =$

序号	坐标(m)			方位角值	水平距离(m)	高差(m)
	$N(X)$	$E(Y)$	Z			
1						
2						
3						
4						

训练指导:

①放样点的坐标值可预先输入,进行调用。

②当目标棱镜的高度或棱镜常数改变时,应及时进行修正。

③若只进行平面坐标放样,可不输入待放样点的高程和棱镜高。

④实训过程中可放样三个点构成三角形,实测三角形的边长进行放样精度检查。

学习单元 4　控 制 测 量

学习模块

学习模块 4.1　平面控制测量

学习模块 4.2　高程控制测量

实训任务

实训任务 4.3　全站仪后方交会与三角高程测量

控制测量描述

按照测量工作"从整体到局部,先控制后碎部"的原则,在进行测量工作时,首先从整个测区考虑,选择一些具有控制意义的点组成一定的几何图形,形成测区的骨干,用相对精确的测量手段和计算方法,确定这些点在统一坐标系中的坐标和高程。然后分别从这些已知点开始,测量周边具体测量任务的碎部点。以上工作过程中,具有控制意义的点称为控制点;由控制点组成的几何图形称为控制网;对控制网进行布设、观测、计算控制点坐标和高程的工作称为控制测量。由此可见,控制测量是具体测量任务的基础和必要的依据,具有控制全局和限制测量误差积累的作用。

控制测量可分为平面控制测量和高程控制测量。确定控制点平面位置的工作称为平面控制测量;确定控制点高程位置的工作称为高程控制测量。不同于国家或较大区域的控制测量,直接为各种工程建设而进行的控制测量,通常称为工程控制测量。对于土木工程测量而言,其控制测量的主要任务是:为工程勘察设计阶段测绘大比例尺地形图及勘测任务建立必要精度的控制网;为工程建设施工阶段的施工放样建立施工控制网;为工程建设竣工后运营阶段必要的变形观测而建立专用控制网。

在明确控制测量的任务和作用之后,应结合误差理论的基本知识和测量工作的基本原则,去学习和理解平面控制测量和高程控制测量的作业方法及其测量数据处理。本单元讨论的内容只涉及控制测量的基本理论和基本方法,在学习的过程中可以进行知识拓展,了解更为复杂的测量方法、数据处理及其精度评定办法。

学习模块 4.1　平面控制测量

学习资源

(1)所用教材相关内容。

(2)教师推荐的学习资源。

(3)精品课程网络资源及有关学习课件。

(4)《工程测量规范》(GB 50026—2007)。

(5)《城市测量规范》(CJJ T8—2001)。

(6)图书馆有关平面控制测量方面的资料。

📣 学习要点

(1)工程平面控制网的等级及技术要求。

(2)导线测量的施测方法和导线点坐标计算。

(3)交会法增设控制点的方法。

4.1.1 平面控制测量概述

传统的平面控制测量主要采用三角测量、导线测量和交会测量的方法。20世纪80年代末,全球卫星定位系统(GPS)开始在我国用于建立平面控制网,GPS定位技术以其精度高、速度快、全天候、操作简便而著称。目前,GPS测量已成为建立国家平面控制网和各种工程控制网的主要方法。鉴于卫星导航定位系统即将出现多元化或多极化的格局(美国的GPS、俄罗斯的GLONASS、欧洲的GALILEO、我国的北斗卫星导航定位系统等),《工程测量规范》(GB 50026—2007)将包括GPS测量在内的各种卫星定位系统测量统称为卫星定位测量。

(1)国家平面控制网

在全国范围内布设的高精度平面控制网,称为国家平面控制网。我国在20世纪50年代开始建立的国家平面控制网主要按三角网测量布设,等级划分为一、二、三、四等。一等三角锁沿经线和纬线布设成纵横交叉的三角锁系,三角形边长为20~30km。二等三角网是在一等锁环内布设的全面三角网,二等网的平均边长为13km,一等锁的两端和二等网的中间,都要测定起算边长、天文经纬度和方位角。国家一、二等网合称为天文大地网,我国天文大地网于1951年开始布设,1961年基本完成,1975年修补测工作全部结束,全网约有5万个大地点。三、四等三角网是在二等三角网内的进一步加密,主要采用插网和插点的方法布设,其中三等网的平均边长为8km,四等网的边长为2~6km。

随着GPS测量技术在测绘领域的广泛应用,在全国范围内,已建立了由27个点组成的国家(GPS)A级网和由818个点组成的国家(GPS)B级网。

(2)工程平面控制网

我国幅员辽阔,国家平面控制网的布设密度不可能完全满足各种工程建设的需要,因此,还需要以国家高级控制点为起算,布设直接为工程建设服务的工程控制网。

根据土木工程测量的发展趋势和目前生产部门的技术水平,工程平面控制网的首级控制大多采用卫星定位测量;加密网较多采用光电测距导线或导线网形式;三角形网(测角网、测边网、测边角网)一般用于特定工程的施工控制网。

《工程测量规范》(GB 50026—2007)将工程平面控制网的等级划分为:卫星定位测量依次为二、三、四等和一、二级;导线测量依次为三、四等和一、二、三级;三角形网测量依次为二、三、四等和一、二级。

工程平面控制测量的坐标系统,应在满足测区内投影长度变形不大于 2.5cm/km 的要求下,作下列选择:

①采用统一的高斯投影3°带平面直角坐标系统。

②采用高斯投影3°带、投影面为测区抵偿高程面或测区平均高程面的平面直角坐标系统。

③采用任意带、投影面为 1985 国家高程基准面的平面直角坐标系统。

④小测区或有特殊精度要求的控制网,可采用独立坐标系统。

⑤在已有平面控制网的地区,可沿用原有的坐标系统。

⑥厂区内可采用建筑坐标系统。

学习指导

(1)高斯投影 3°带:是按统一的规定进行分带,即由东经 1.5°子午线起,每隔经差 3°自西向东分带。

(2)任意带:为减小测区内长度变形的影响,选择测区中心的子午线为轴子午线,建立任意带高斯平面直角坐标系统。

(3)统一的高斯投影 3°带平面直角坐标系统:按统一的规定分带,投影到参考椭球面。工程控制网的实测边长首先要归算到参考椭球面,然后进行高斯投影改正。

(4)抵偿高程面:一般情况下,归算改正使实测边长变短,而高斯投影改正使其变长,二者有所抵偿。如果测区内投影长度变形超过了 2.5cm/km,可考虑变换投影面,重新选择的投影面使其归算改正能够抵偿高斯投影改正,称为抵偿高程面平面直角坐标系统。

4.1.2 卫星定位测量

虽然我国已建成覆盖亚太地区的北斗卫星导航定位系统,但走向商业化运作的民用过程还十分艰难。目前,工程建设部门采用的卫星定位测量仍然是 GPS 测量。GPS 测量在测绘领域的应用已非常成熟,并已建立了有关的国家标准和行业标准,如:国家质量技术监督局发布的国家标准《全球定位系统(GPS)测量规范》(GB/T 18314—2009)、住房城乡建设部发布的行业标准《全球定位系统城市测量技术规程》(CJJ 73—97)、国家测绘总局发布的测绘行业标准《全球定位系统(GPS)测量规范》(CH 2001—92)等。

关于 GPS 测量的定位原理和测量实施将在下一学习单元有专门的介绍,这里只将《工程测量规范》(GB 50026—2007)中有关卫星定位测量控制网的主要技术要求和布设要求列出,供学习过程中比较参考。

(1)卫星定位测量控制网的主要技术要求

卫星定位测量控制网的主要技术要求见表 4-1。

卫星定位测量控制网的主要技术要求 表 4-1

等级	平均边长 (km)	固定误差 A (mm)	比例误差系数 B (mm/km)	约束点间的边长 相对中误差	约束平差后最弱边 相对中误差
二等	9	≤10	≤2	≤1/250000	≤1/120000
三等	4.5	≤10	≤5	≤1/150000	≤1/70000
四等	2	≤10	≤10	≤1/100000	≤1/40000
一级	1	≤10	≤20	≤1/40000	≤1/20000
二级	0.5	≤10	≤40	≤1/20000	≤1/10000

(2)卫星定位测量控制网的布设要求

①首级网布设时,宜联测 2 个以上高等级国家控制点或地方坐标系的高等级控制点,控制网的长边宜构成大地四边形或中点多边形。

②控制网应由独立观测边构成一个或若干个闭合环或附合路线,各等级控制网中构成闭合环或附合路线的边数不宜多于6条。

③各等级控制网中独立基线的观测总数,不宜少于必要观测基线数的1.5倍。

④对于采用GPS-RTK测图的测区,在控制网的布设中应顾及参考站点的分布及位置。

讨论问题

(1)查阅上述各行业标准与国家标准在卫星定位测量控制网主要技术要求上的差异。

(2)表4-1中固定误差和比例误差系数的含义。

4.1.3 导线测量

随着全站仪的普及使用,传统的钢尺量距导线已基本让位于光电测距导线,与GPS测量相配合,导线测量已成为工程控制测量的主要方法。

(1)导线测量的主要技术要求(表4-2)

导线测量的主要技术要求   表4-2

等级	导线长度(km)	平均边长(km)	测角中误差(″)	测距中误差(mm)	测距相对中误差	测回数			方位角闭合差(″)	导线全长相对闭合差
						1″仪器	2″仪器	6″仪器		
三等	14	3	1.8	20	1/150000	6	10	—	$3.6\sqrt{n}$	≤1/55000
四等	9	1.5	2.5	18	1/80000	4	6	—	$5\sqrt{n}$	≤1/35000
一级	4	0.5	5	15	1/30000	—	2	4	$10\sqrt{n}$	≤1/15000
二级	2.4	0.25	8	15	1/14000	—	1	3	$16\sqrt{n}$	≤1/10000
三级	1.2	0.1	12	15	1/7000	—	1	2	$24\sqrt{n}$	≤1/5000

(2)导线的布设形式

导线可以布设成单一导线和导线网。二者的主要区别是:导线网具有节点(两条以上导线的汇聚点),而单一导线没有节点。关于导线网的布设要求和平差计算可作为拓展学习内容,这里只讨论土木工程测量中常用的单一导线。

根据测区的情况和要求,单一导线可布设成闭合导线、附合导线和支导线三种形式,如图4-1所示。

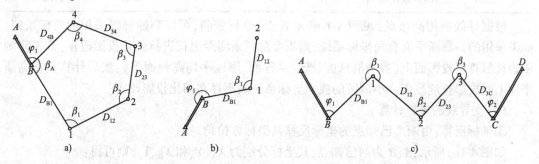

图4-1 导线的布置形式示意图

a)闭合导线;b)支导线;c)附合导线

（3）导线测量外业工作

导线测量的工作分外业和内业。外业工作一般包括选点、测角和测距;内业工作是根据外业观测成果经过计算,最后求得各导线点的平面直角坐标。

①选点:导线的边长、边数及导线总长度应符合表4-2的要求。另外,光电测距还要避开发热体及强磁场,视线与障碍物保持一定距离,以不受旁折光影响为原则。

②测角:所用经纬仪或全站仪应检校合格。水平角方向观测法的技术要求见表4-3。

水平角方向观测法的技术要求　表4-3

等级	仪器精度等级	光学测微器两次重合读数之差(")	半测回归零差(")	一测回内2C互差(")	同一方向值各测回较差(")
四等及四等以上	1"级仪器	1	6	9	6
	2"级仪器	3	8	13	9
一级及一级以下	2"级仪器	—	12	18	12
	6"级仪器	—	18	—	24

对于三、四等导线,当测站只有两个方向时,应在观测总测回数中分左、右角观测,即以奇数测回观测左角,以偶数测回观测右角。但在观测右角时,应以左角起始方向为准变换度盘位置。观测完毕,计算左右角平均值之和与360°之差,不得大于表4-2中相应等级导线的测角中误差2倍。

③测距:测距仪器及温度计、气压计应及时校验。光电测距的主要技术要求见表4-4。

光电测距的主要技术要求　表4-4

平面控制网等级	仪器精度等级	每边测回数 往	每边测回数 返	一测回读数较差（mm）	单程各测回较差（mm）	往返测距较差（mm）
三等	5mm级仪器	3	3	≤5	≤7	≤2(a+bD)
	10mm级仪器	4	4	≤10	≤15	
四等	5mm级仪器	2	2	≤5	≤7	
	10mm级仪器	3	3	≤10	≤15	
一级	10mm级仪器	2	—	≤10	≤15	—
二、三级	10mm级仪器	1	—	≤10	≤15	

根据导线所用高级点(见图4-1中A、B点)坐标资料,可以判断导线采用的坐标系统。如果采用的是高斯平面直角坐标系统,则需要对每条测距边长进行归化投影改正:首先将测距边长归算至投影面上(参考椭球面、抵偿高程面、测区平均高程面等);然后计算其在高斯平面上的投影长度改正。小测区的独立坐标系一般不存在归化投影改正。

（4）支导线的坐标计算

①坐标反算:由两个已知点的坐标反算其坐标方位角。

如图4-1c)所示,A、B为两已知点,其坐标分别为X_A、Y_A和X_B、Y_B,则可得:

$$\alpha_{AB} = \arctan\frac{Y_B - Y_A}{X_B - X_A}$$

(4-1)

按式(4-1)用计算器计算的结果,当 $\Delta X_{AB} > 0$ 时,应加 360°,当 $\Delta X_{AB} < 0$ 时,应加 180°,即转化为 AB 边的坐标方位角。

②导线边坐标方位角推算:由起始方位角通过转折角推算各边方位角。

如图 4-1c)所示,由坐标反算求得的 α_{AB} 通过转折角 φ_1、β_1 推算 α_{B1}、α_{12}。

$$\alpha_{B1} = \alpha_{AB} + \varphi_1 - 180° \tag{4-2}$$

$$\alpha_{12} = \alpha_{B1} + \beta_1 - 180° \tag{4-3}$$

③坐标正算:根据导线边长和坐标方位角计算各边的坐标增量。

如图 4-1c)所示,计算 B 点至 1 点、1 点至 2 点的坐标增量:

$$\left.\begin{aligned} \Delta X_{B1} &= D_{B1} \cdot \cos\alpha_{B1} \\ \Delta Y_{B1} &= D_{B1} \cdot \sin\alpha_{B1} \end{aligned}\right\} \tag{4-4}$$

$$\left.\begin{aligned} \Delta X_{12} &= D_{12} \cdot \cos\alpha_{12} \\ \Delta Y_{12} &= D_{12} \cdot \sin\alpha_{12} \end{aligned}\right\} \tag{4-5}$$

④推算各导线点的坐标值:

$$\left.\begin{aligned} X_2 &= X_1 + D_{12} \cdot \cos\alpha_{12} \\ Y_2 &= Y_1 + D_{12} \cdot \sin\alpha_{12} \end{aligned}\right\} \tag{4-6}$$

(5)闭合导线的坐标计算

闭合导线坐标计算包含了支导线坐标计算的基本步骤,但由于存在闭合校核条件,能够计算两个闭合差:角度闭合差和坐标增量闭合差。因此,必须先对其进行平差,然后按支导线涉及的坐标计算基本公式推算各导线点坐标值。下面按近似平差处理闭合导线的闭合差。

①角度闭合差的计算与调整。

$$f_\beta = \sum\beta_{测} - (n-2) \times 180° \tag{4-7}$$

式中:n——闭合导线的转折角数;

$\sum\beta_{测}$——观测角的总和。

如果 f_β 值不超过表 4-2 中相应等级的方位角闭合差容许值,即可按平均分配原则进行角度闭合差调整,使调整后的角值满足理论上的要求。

②坐标增量闭合差的计算与调整。

坐标增量闭合差 f_X 和 f_Y 可按下式计算

$$f_X = \sum\Delta X_{算} \tag{4-8}$$

$$f_Y = \sum\Delta Y_{算}$$

导线的全长闭合差 $\qquad f_D = \sqrt{f_X^2 + f_Y^2} \tag{4-9}$

导线全长相对闭合差 $\qquad K = \dfrac{f_D}{\sum D} = \dfrac{1}{\sum D/f_D} \tag{4-10}$

若 K 值不超过表 4-2 中相应等级的导线全长相对闭合差容许值,则表明导线的精度符合要求,即可按与导线边长成比例的分配原则分别对坐标增量闭合差 f_X 和 f_Y 进行调整;然后用调整后的坐标增量,从坐标已知的导线起点依次推算其他导线点的坐标值。

(6)附合导线的坐标计算

附合导线的坐标计算方法与闭合导线基本上相同,只是方位角闭合差与坐标增量闭合差的计算公式有所不同。

①方位角闭合差的计算。

附合导线方位角闭合差的一般形式可写为：

$$f_\beta = (\alpha_{AB} - \alpha_{CD}) \mp n \cdot 180° \begin{cases} + \sum\beta_左 \\ - \sum\beta_右 \end{cases} \qquad (4\text{-}11)$$

②坐标增量闭合差的计算。

纵、横坐标增量闭合差，其计算公式为：

$$\left. \begin{aligned} f_X &= \sum\Delta X_算 - (X_B - X_A) \\ f_Y &= \sum\Delta Y_算 - (Y_B - Y_A) \end{aligned} \right\} \qquad (4\text{-}12)$$

附合导线闭合差容许值按表 4-2 规定执行，其闭合差的调整方法与闭合导线相同。

学习指导

(1)查阅有关学习资源中导线边的归化投影改正公式。

(2)查阅有关学习资源中近似平差与严密平差的区别。

4.1.4 交会法增设控制点

为工程建设而布设的平面控制网，其控制点的密度和分布位置基本能满足测图和施工的需求，但在个别地段，难免会出现与附近所有控制点都无法通视的情况，特别是随着施工基础的开挖和各种施工干扰的增加，有时也会出现已有控制点无法覆盖的局部死角，为此，必须利用已有的高级控制点增设新的施工控制点。

如图 4-2 所示，道路工程统一布设的路线控制点为 T_1、T_2、…、T_n，根据施工现场的实际情况，需要增设施工控制点 P_1、P_2 作为新的测站点进行施工放样。由数学原理可知，确定点位的平面位置至少需要两个观测量，在图 4-2 中，确定 P_1 点平面位置的必要观测量有三种组合：测角(β_2、β_3)组合、测边(S_2、S_3)组合、测边角(S_2、β_2 或 S_3、β_3)组合，实际工作中，往往要增加一个观测量作为"多余观测"，从而形成校核条件。

图 4-2 交会法增设控制点示意图

由上述三种组合可以看出，前两种组合采用建立在三角形网基础上的交会测量方式，第三种组合采用单一导线中的支导线测量方式。关于导线测量的观测计算本单元已有详述，这里重点讨论按交会测量方式增设控制点的方法。

按照设站位置的不同，交会测量可分为前方交会、侧方交会和后方交会。在已知点设站对未知点进行观测，称之为前方交会，如图 4-2 所示，在高级控制点 T_2、T_3 分别设站对 P_1 点进行观测；侧方交会是指分别在已知点和未知点设站进行观测，如图 4-2 所示，分别在 T_2、P_1 点设站观测角度，同样也可以计算出 P_1 点的平面坐标，这种方式目前已很少使用；后方交会是指在未知点设站，分别对已知点进行观测，如图 4-2 所示，在未知点 P_2 设站，分别对高级控制点 T_4、T_5 进行观测，这种方式只需一次设站即可获得测站点的坐标值，有利于接着进行后续的施工放样，工作效率较高，特别适合使用全站仪进行观测。

交会测量的方式与仪器设备、控制点分布、多余观测数量等因素有关，随着全站仪的普及使用,单纯的测角或测边交会已很少使用,多数采用灵活的测边角后方交会。下面仅以传统的经纬仪测角前方交会和全站仪测边角后方交会为例加以讨论。

(1)测角前方交会

如图 4-2 所示,在已知点 $T_2(x_2,y_2)$、$T_3(x_3,y_3)$ 分别设站对 P_1 点进行观测,测出 β_2、β_3 两个水平角,计算未知点 $P_1(x_{p1},y_{p1})$ 的计算思路与支导线坐标计算基本一致。

①坐标反算:计算已知边 T_2T_3 的坐标方位角 α_{23} 和边长 S_{23}。

②在三角形中利用正弦定理计算边长 S_2。

③计算 T_2 到 P_1 的坐标方位角 $\alpha_{2p}=\alpha_{23}-\beta_2$。

④坐标正算:计算 T_2 到 P_1 的坐标增量,并推算 P_1 坐标值 (x_{p1},y_{p1})。

(2)测边角后方交会

如图 4-2 所示,在未知点 P_2 设站,分别对高级控制点 $T_4(x_4,y_4)$、$T_5(x_5,y_5)$ 进行观测,测出两条边长 S_4、S_5 和水平角 γ_2。由于存在一个多余观测,故可计算出 P_2 点的两组坐标值作为校核。

①坐标反算:计算已知边 T_4T_5 的坐标方位角 α_{45} 和边长 S_{45}。

②在三角形中利用正弦定理计算两个底角 β_4 和 β_5(图 4-2 中未标出)。

③计算 T_4 到 P_2 的坐标方位角 $\alpha_{4p}=\alpha_{45}+\beta_4$。

④计算 T_5 到 P_2 的坐标方位角 $\alpha_{5p}=\alpha_{54}-\beta_5$。

⑤坐标正算:分别计算 T_4 到 P_2 和 T_5 到 P_2 的坐标增量。

⑥分别推算 P_2 点的两组坐标值,如果点位较差在容许范围之内,则取其平均值。

目前,全站仪的应用程序一般都具备交会测量功能,只要按其程序步骤观测水平角和边长并输入已知点的坐标,仪器即可实时计算出交会点的坐标值。为提高交会点的精度,可对三个已知点进行观测,并按严密平差方法计算交会点的坐标值,这种方式在许多学习资源中称其为全站仪自由设站。

交会点的精度除与观测精度有关外,还与交会图形密切相关。理想的交会图形是交会角为 90° 的等腰三角形,具体作业时,交会角 γ 一般控制在 30° ~ 150° 之间。另外,应特别注意交会点不能位于或接近已知点所在的外接圆上,否则,交会点坐标为不定解或计算精度很低。

讨论问题

(1)讨论交会测量方式与仪器设备的关系。

(2)比较导线测量坐标计算与交会测量坐标计算的基本思路有何异同点?

自我测试

一、**判断题**(对的打"√",错的打"×")

1.导线测量选点时,要尽量避免导线的转折角等于或接近 180°。 (   )

2.支导线缺少校核条件,因而其布设的导线点不宜超过二个。 (   )

3.目前工程平面控制网的首级控制大多采用卫星定位测量。 (   )

4.全站仪前方交会一般采用测角交会。 (   )

5.根据两点的坐标值可计算出两点间的水平距离和坐标方位角。 (   )

6.导线测量时,在导线点上应观测小于 180° 的那个角。 (   )

二、选择题

1. 附合导线坐标计算与闭合导线坐标计算主要是(　　)不同。

   A. 角度闭合差的计算　　B. 坐标方位角的计算　　C. 坐标增量的计算

2. 导线计算中所使用的距离应该是(　　)。

   A. 投影面上的距离　　　　B. 水平距离　　　　　　C. 大地水准面上的距离

3. 已知直线 *AB* 的坐标方位角为170°,则 *BA* 的坐标方位角是(　　)。

   A. 10°　　　　　　　　　B. 190°　　　　　　　　C. 350°

4. 在未知点上设站对三个已知点进行测角交会的方法称之为(　　)。

   A. 后方交会　　　　　　　B. 前方交会　　　　　　C. 侧方交会

5. 在高斯平面直角坐标系中,两点间的实测距离与其坐标反算距离(　　)。

   A. 是性质不同的距离　　B. 理论上是相同的　　C. 由于测距误差而不同

三、计算题

如图4-3所示,将经纬仪分别安置在控制点 *A* 和 *B* 上,对未知点 *P* 进行观测,测得角值 $\alpha = 53°07'44''$, $\beta = 56°06'07''$, 试计算 *P* 点的坐标值。

已知 $A(3992.541, 9674.499)$, $B(4681.041, 9850.000)$。

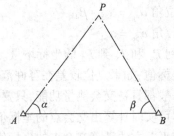

图4-3　测角前方交会示意图

学习模块4.2　高程控制测量

学习资源

(1)所用教材相关内容。

(2)教师推荐的学习资源。

(3)精品课程网络资源及有关学习课件。

(4)《工程测量规范》(GB 50026—2007)。

(5)《国家三、四等水准测量规范》(GB/T 12898—2009)。

(6)图书馆有关高程控制测量方面的资料。

学习要点

(1)三、四等水准测量的方法。

(2)三角高程测量的原理。

(3)三角高程测量的观测与计算。

4.2.1　水准测量

水准测量是高程控制测量的主要方法,工程控制测量按精度分为二、三、四、五几个等级,在地形测量和施工测量中,多采用三、四等水准测量作为测区的首级高程控制。三、四等水准网应从附近的国家高一级水准点引测高程。

(1)水准测量的主要技术要求

三、四等水准测量的主要技术要求见表4-5、表4-6。

水准测量的主要技术要求　　　　　　　　　　　　　　表4-5

等级	每公里高差全中误差（mm）	路线长度（km）	水准仪型号	水准尺	观测次数		往返较差、附合或环线闭合差	
					与已知点联测	附合或环线	平地(mm)	山地(mm)
二等	2	—	DS$_1$	铟瓦	往返各一次	往返各一次	$4\sqrt{L}$	—
三等	6	≤50	DS$_1$	铟瓦	往返各一次	往一次	$12\sqrt{L}$	$4\sqrt{n}$
			DS$_3$	双面		往返各一次		
四等	10	≤16	DS$_3$	双面	往返各一次	往一次	$20\sqrt{L}$	$6\sqrt{n}$
五等	15	—	DS$_3$	单面	往返各一次	往一次	$30\sqrt{L}$	—

注:①节点之间或节点与高级点之间,其路线长度不应大于表中规定的0.7倍。

②L 为往返测段、附合或环线的水准路线长度(km);n 为测站数。

水准观测的主要技术要求　　　　　　　　　　　　　　表4-6

等级	水准仪型号	视线长度（m）	前后视的距离较差（m）	前后视的距离较差累积（m）	视线离地面最低高度（m）	基、辅分划或黑、红面读数较差（mm）	基、辅分划或黑、红面所测高差较差（mm）
二等	DS$_1$	50	1	3	0.5	0.5	0.7
三等	DS$_1$	100	3	6	0.3	1.0	1.5
	DS$_3$	75				2.0	3.0
四等	DS$_3$	100	5	10	0.2	3.0	5.0
五等	DS$_3$	100	近似相等	—	—	—	—

(2)三、四等水准测量的方法

三、四等水准测量主要使用 DS$_3$ 水准仪进行观测,水准尺采用整体式双面水准尺,观测前必须对水准仪和水准尺进行检验。测量时水准尺应安置在尺垫上,并保证水准尺应扶立铅直。根据双面水准尺的尺常数(如 $K_1 = 4687$ 和 $K_2 = 4787$),成对使用水准尺。三、四等水准测量每一测站的观测程序如下:

后视黑面尺,读取下、上、中丝读数,即(1)、(2)、(3);

前视黑面尺,读取下、上、中丝读数,即(4)、(5)、(6);

前视红面尺,读取中丝读数,即(7);

后视红面尺,读取中丝读数,即(8)。

以上( )内之号码,表示观测与记录的顺序,见表4-7。

自					天气:				测量者:	
测至					成像:				记录者:	
20 年 月 日					始: 时 分			终: 时 分		

测站编号	点 号	后尺 下丝	前尺 下丝	方向及尺号	水准尺读数		K+黑−红	平均高差 (m)	备 注
		上丝	上丝		黑面	红面			
		后视距	前视距						
		视距差 d	∑d						
		(1)	(4)	后	(3)	(8)	(10)		
		(2)	(5)	前	(6)	(7)	(9)	(14)	
		(15)	(16)	后−前	(11)	(12)	(13)		
		(17)	(18)						
1	BM₁—ZD₁	1.426	0.801	后 106	1.193	5.998	0		
		0.995	0.371	前 107	0.568	5.273	0	+0.6250	
		43.1	43.0	后−前	+0.625	+0.725	0		
		+0.1	+0.1						
2	ZD₁—ZD₂	1.812	0.570	后 107	1.554	6.241	0		
		1.296	0.052	前 106	0.311	5.097	+1	+1.2435	
		51.6	51.8	后−前	+1.243	+1.144	−1		
		−0.2	−0.1						K 为尺长数,如:
3	ZD₂—ZD₃	0.889	1.713	后 106	0.698	5.486	−1		K₁₀₆=4.787
		0.507	1.333	前 107	1.523	6.210	0	−0.8245	K₁₀₇=4.687
		38.2	38.0	后−前	−0.825	−0.724	−1		已知 BM₁ 高程
		+0.2	+0.1						为:H=56.345m
4	ZD₃—A	1.891	0.758	后 107	1.708	6.395	0		
		1.525	0.390	前 106	0.574	5.361	0	+1.1340	
		36.6	36.8	后−前	+1.134	+1.034	0		
		−0.2	−0.1						

每页检核	∑(15)=169.5 −)∑(16)=169.6 =−0.1 =末站(18) 总视距∑(15)+∑(16)=339.1m	∑[(3)+(8)]=29.291 −)∑[(6)+(7)]=24.935 =+4.356	∑[(11)+(12)] =4.356 =+4.356	∑(14)=+2.1780 2∑(14)=+4.356

在完成一测段单程测量后,须立即计算其高差总和;完成水准路线往返观测或附合、闭合路线观测后,应尽快计算高差闭合差,并进行成果检验。若高差闭合差未超限,便可进行闭合差调整,最后按调整后的高差计算各水准点的高程。

思考问题

(1)表4-6中,为何要限制视线离地面的最低高度?

(2)水准测量作业时,如何保证测站前后视距离较差满足限差要求?

4.2.2　三角高程测量

当地形高低起伏、两点间高差较大而不便于进行水准测量时,可以使用三角高程测量的方法测定两点间的高差。进行三角高程测量时,应测定两点间的水平距离或斜距以及相应的竖直角。根据测量距离方法的不同,三角高程测量又分为光电测距三角高程测量和经纬仪三角高程测量,目前基本采用光电测距三角高程测量。

(1)三角高程测量的基本原理

如图4-4所示,在地面上 A、B 两点间测定高差 h_{AB},A 点安置仪器,B 点竖立测量标志。用望远镜照准 B 点所立标志的特定部位,测量竖直角 α,用小钢尺量取仪器高 i 和目标高 l。如果 A、B 两点间的水平距离为 D,则 A、B 两点间高差可用式(4-13)计算:

$$h_{AB} = D \cdot \tan\alpha + i - l \qquad (4\text{-}13)$$

如果是用全站仪或电磁波测距仪测量 A、B 两点间的斜距 S,称为光电测距三角高程测量,则 A、B 两点间高差可用式(4-14)计算:

$$h_{AB} = S \cdot \sin\alpha + i - l \qquad (4\text{-}14)$$

由图4-4可以看出,在竖直面内的直角三角形中,三条边长分别是 A、B 两点间的斜距 S、平距 D 和垂距(图4-4中 $D \cdot \tan\alpha$),其与竖直角的几何关系可用三角公式来表达。通过量取仪器高 i 和目标高 l,可将垂距转化为地面上两点间的高差 h_{AB}。若 A 点高程已知为 H_A,则可由高差 h_{AB} 推算 B 点高程 H_B。

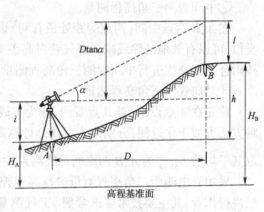

图4-4　三角高程测量原理

(2)地球曲率和大气折光的影响

上述三角高程测量公式中,没有考虑地球曲率和大气折光对所测高差的影响。球气差对所测高差的影响随着测量距离的增加而增大,理论研究和实践都表明,当 A、B 两点间距离大于300m时,球气差对所测高差的影响显著增大,必须顾及地球曲率和大气折光的影响。

①地球曲率对测量高差的影响,可用式(4-15)计算:

$$f_{球} = \frac{D^2}{2R} \qquad (4\text{-}15)$$

式(4-15)中,D 为水平距离;R 为地球曲率半径,工程测量一般取平均值6371km。

②大气折光对测量高差的影响,可用式(4-16)计算:

$$f_{气} = -k\frac{D^2}{2R} \qquad (4\text{-}16)$$

式(4-16)中,k 为大气折光系数。k 的变化规律比较复杂,在光程通过不同地貌上空时,其折射情况差异很大,在视线通过水面和通过陆地时,其折射系数往往有相反的符号。在同一天时间,k 值也随气温、风速等因素产生变化,一般来说,只有在日出后约半小时、日落前约半小时的较短时间,k 值接近于零;中午前后变化较小,阴天 k 值比较稳定。

大气折光系数 k 由观测人员根据当时的气象状况和测区的地貌特征确定一个合适的值,一般取值范围为0.08~0.16,然后输入全站仪自动改正。

③综合两差影响的球气差改正值 f 可表达为:

$$f = f_{球} + f_{气} = (1 - k)\frac{D^2}{2R} \tag{4-17}$$

（3）三角高程测量的观测方法

顾及地球曲率和大气折光的影响，三角高程测量基本的高差表达式为：

$$h_{AB} = S \cdot \sin\alpha + i - l + f \tag{4-18}$$

结合三角高程测量的基本原理，式（4-18）表达了光电测距三角高程测量的基本观测步骤（测量斜距、竖直角）和基本的计算过程。如果采用不同的作业程序，球气差改正值 f 对高差 h_{AB} 的影响是不一样的。按照作业程序划分，三角高程测量常用的观测方法有以下三种：

①单向观测三角高程测量。

只在 A 点设站，单向观测 B 点，按式（4-18）计算高差 h_{AB}。这种方法在距离较近或精度要求不高的施工测量中经常采用，观测量小，作业效率很高。

②中间观测三角高程测量。

在 A、B 两点中间（两点等距处最有利）设站，分别观测 A、B 两点。这种方法与水准测量类似，可以有效地消除或减弱球气差对高差 h_{AB} 的影响。在困难地区高程控制点加密时，可按附合高程路线进行中间观测三角高程测量。

③对向观测三角高程测量。

首先在 A 点设站，对 B 点观测，称为直觇；然后在 B 点设站，对 A 点观测，称为返觇。这种方法类似于往返测，分别按式（4-18）计算高差 h_{AB} 和 h_{BA}，如高差较差在容许范围之内，则取其平均值 $\bar{h}_{AB}$ 作为 A、B 两点间最终高差，可以有效地消除或减弱球气差的影响。

采用光电测距三角高程测量进行高程控制测量时，都要求按对向观测三角高程测量方法进行作业，其主要技术要求参照《工程测量规范》（GB 50026—2007）规定执行，摘录结果见表4-8、表4-9中内容。

电磁波测距三角高程测量的主要技术要求　　　　　　　　　　　　　　表4-8

等级	每千米高差全中误差（mm）	边长（km）	观测方式	对向观测高差较差（mm）	附合或环形闭合差（mm）
四等	10	≤1	对向观测	$40\sqrt{D}$	$20\sqrt{\sum D}$
五等	15	≤1	对向观测	$60\sqrt{D}$	$30\sqrt{\sum D}$

电磁波测距三角高程观测的主要技术要求　　　　　　　　　　　　　　表4-9

等级	竖直角观测				边长测量	
	仪器精度等级	测回数	指标差较差	测回较差	仪器精度等级	观测次数
四等	2秒级仪器	3	≤7″	≤7″	10mm级仪器	往返各一次
五等	2秒级仪器	2	≤10″	≤10″	10mm级仪器	往一次

💬 讨论问题

大气折光系数 k 值很难准确把握，但应有足够的精度。在工程施工现场进行高程测设，不适合采用对向观测方法。对施工周期很长的小范围重复放样作业，如何选择较有利的气象条件和放样时间？是否需要确定适合施工现场的单向三角高程测量球气差参考值？查阅有关资料介绍的确定方法。

一、判断题(对的打"√",错的打"×")

1. 三、四等水准测量可以作为工程测量和变形观测的基本控制。 （ ）

2. 三角高程测量可作为地形测图碎部点高程测量方法。 （ ）

3. 影响电磁波三角高程测量精度的主要因素是大气折光的影响。 （ ）

二、选择题

1. 三角高程测量要求对向观测垂直角,计算往返高差,主要目的是( )。

    A. 有效地抵偿或消除球差和气差的影响

    B. 有效地抵偿或消除仪器高和觇标高测量误差的影响

    C. 有效地抵偿或消除垂直角读数误差的影响

    D. 有效地抵偿或消除读盘分划误差的影响

2. 在地形条件( )的情况下,应采用三角高程测量方法。

    A. 平坦   B. 起伏较大   C. 通视较好   D. 通视困难

三、计算并填写表格

全站仪对向三角高程测量计算表 表 4-10

点号	A	
点号	B	
往返测	直觇	返觇
斜距 S(m)	593.391	593.400
竖直角 α	+11°32′49″	−11°33′06″
仪器高 i(m)	1.440	1.491
觇牌高 l(m)	1.502	1.400
球气差改正 f(m)		
单向高差 h(m)		
往返高差均值(m)		

实训任务 4.3   全站仪后方交会与三角高程测量

实训内容

利用全站仪内置的测边角后方交会测量程序,对校园控制网进行加密,每个实训小组增设一个新的平面控制点;按全站仪对向三角高程测量方式测量本组加密点的高程。

实训条件

(1) 以小组为单位借领全站仪 1 台、单棱镜组一套(配合三脚架使用)、小钢尺一把。

(2) 实训场地分布有能够满足实训要求的具有三维坐标的控制点。

实训程序

(1)实训准备工作:选择一对控制点由两个实训小组共同使用;两小组将单棱镜组(配合三脚架使用)分别安置在两个控制点上;两小组分别实地选择加密点位置并架设全站仪。

(2)全站仪测边角后方交会测量:启动全站仪测边角后方交会程序,输入控制点坐标值,按规定的编号及操作程序分别照准控制点上的棱镜,并测量其边长和交会角。

(3)全站仪对向三角高程测量:进行直、返觇观测,按式(4-18)分别计算直、返觇高差,如在容许范围之内,取其平均值并计算加密点高程。

实训目标

(1)掌握用全站仪测边角后方交会测量程序增设新点的方法。

(2)掌握全站仪对向三角高程测量的作业方法。

4.3.1 教学说明——全站仪后方交会与三角高程测量实训

(1)本次实训一般在校园内分组实施,用全站仪对校园控制网进行加密,并按全站仪对向三角高程测量方式测量加密点的高程。

(2)校园内为测量课间实习布设的校园控制网,能够满足不同实训任务对控制点分布位置和密度的要求。各实训小组可向指导教师索取或在教学资源网下载校园控制点分布图及控制点三维坐标成果表。

(3)各小组的实训区域由指导教师协调划分,保证两个实训小组共用一对具有三维坐标的控制点。

(4)如果校园内暂时没有布设控制网,两个实训小组用全站仪现场临时测一条边及其高差,建立局部假定坐标系和假定高程系。

(5)如果学生对全站仪测边角后方交会操作程序不太熟悉,可在实训前由指导教师为每个实训小组提供一页相应的简要说明。

(6)本次实训不准备借领温度计和气压计(许多全站仪具有温度、气压自动感应功能),可由指导教师现场确定温度、气压和大气折光系数 K(取值为 $0.08 \sim 0.14$),供各实训小组使用。

4.3.2 任务实施——全站仪后方交会与三角高程测量实训

(1)实训准备工作

步骤描述:

①根据校园控制点的分布图和成果表,两个实训小组选择一对控制点共同使用;两小组将单棱镜组(配合三脚架使用)分别安置在两个控制点上。

②根据实训场地条件和控制点的位置,两小组分别实地选择加密点位置并架设全站仪。

训练指导:

①所选加密点位置应与两个控制点之间通视,且交会角应在 $30° \sim 150°$ 之间。

②在加密点位置架设全站仪,只需精确整平即可开始工作。

(2)全站仪测边角后方交会

步骤描述:

①启动全站仪测边角后方交会程序,输入控制点坐标值,按规定的编号及操作程序分别照准控制点上的棱镜,并测量其边长和交会角。

②测量完毕,仪器自动计算新点坐标值并显示校核偏差。

训练指导:

①结合学习资源中后方交会的基本原理及其计算公式,理解只有两个控制点的全站仪测边角后方交会操作程序及其计算过程。

②上述作业的观测值是两条边长和一个夹角,存在一个"多余观测"。因此,可以利用两组计算坐标进行校核,如点位较差超出容许范围,则需要重测。

（3）全站仪对向三角高程测量

步骤描述:

①通过全站仪对中器指示,精确标定新点位置,并用小钢尺量取仪器高,精确至1mm。

②用小钢尺量取本组安置于控制点上的单棱镜的棱镜高,精确至1mm。

③查阅表4-8、表4-9电磁波测距三角高程测量的主要技术要求,本次实训按五等技术要求对上述新点与控制点之间的高差进行对向观测。

④直觇观测:输入温度、气压,用望远镜横丝精确照准棱镜觇牌标志,观测竖直角两测回,指标差较差和测回较差见表4-9,测角前后各进行一次斜距测量。

⑤返觇观测:调换全站仪与棱镜的位置后重复上述观测步骤。

⑥按式(4-18)分别计算直、返觇高差,对向观测高差较差见表4-8;如在容许范围之内,取其平均值并计算新点高程。

训练指导:

①为尽可能减小对向观测时大气折光影响的差异(对向观测取平均值可以抵消大部分大气折光的影响),当直觇观测完成后应即刻迁站进行反觇测量。

②仪器高和棱镜高应在观测前后各测量一次,暂记录于表4-11中备注栏内,取其平均值作为最终高度并记录于表4-12中。

竖直角观测手簿　　　　　　　　　　　　　　　　　　　　表4-11

| 工程名称 | | 温度 | | 气压 | | 系数 K | |
| 仪器型号 | | 日期 | | 观测者 | | 记录者 | |

| 测站 | 目标 | 盘位 | 竖盘读数 | 竖直角值 | | | 备注 |
				半测回角值	指标差	测回角值	

③直、返觇观测的高差计算应分别进行球气差改正。

点号				
点号				
往返测	直觇	返觇	直觇	返觇
斜距 S				
竖直角 α				
$S \cdot \sin\alpha$				
仪器高 i				
觇标高 l				
两差改正 f				
单向高差 h				
平均高差 $\bar{h}$				

学习单元5 GPS 测 量

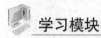

学习模块

学习模块5.1 GPS 定位原理
学习模块5.2 GPS 测量实施

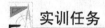

实训任务

实训任务5.3 GPS 基本测量

GPS 测量描述

GPS 英文全称为"Navigation Satellite Timing and Ranging/Golbal Positioning System",即"卫星测时测距导航/全球定位系统"。该系统由分布在6个轨道的24颗地球卫星组成,通过测定卫星与用户间的距离来推算用户所在位置的三维坐标。

GPS 定位系统在设计之初,主要是应用于军事方面。随着该技术的不断成熟,民间的应用也在快速的发展,例如在交通运输、测量、农业、林业、气象、土木工程、水利工程等领域的应用。可以说,GPS 系统目前几乎进入了各行各业。在测量领域,其主要应用于大地测量、控制测量、变形监测、地形图测绘等方面。总体来说该系统具有三大功能,即定位、导航、授时。其定位功能是通过测定多颗已知位置的卫星与用户接收机间的距离来确定接收机的位置。导航功能是其定位功能的另一种体现,通过定位功能配合电子地图来实现导航目的。授时功能是通过安装在 GPS 卫星上的原子钟向用户提供精确的时间信息。

在本学习阶段,需要掌握的内容有以下几个方面:

(1)掌握 GPS 系统信号结构及伪距定位、差分定位的基本原理。

(2)结合实训理解 GPS 网型布设的方法,能够熟练进行 GPS 参数的设置及采集工作。

(3)理解 GPS-RTK 定位原理,并能够利用其进行定位及放样工作。

学习模块 5.1 GPS 定位原理

学习资源

(1)所用教材相关内容。

(2)教师推荐的学习资源。

(3)精品课程网络资源及有关学习课件。

(4)图书馆有关 GPS 测量与数据处理方面的资料。

学习要点

(1)GPS 定位系统的组成。

（2）GPS 伪距定位原理。

（3）GPS 载波相位定位原理。

5.1.1 GPS 系统组成

GPS 系统由三大部分组成,即空间部分、地面控制部分、用户部分。

（1）空间部分

GPS 系统空间部分是指运行在地球卫星轨道的 GPS 卫星,这些卫星被统称为 GPS 卫星星座。该部分由 24 颗卫星(其中 21 颗为工作卫星,3 颗为备用卫星)组成,分布在六个轨道面上,每个轨道均匀分布 4 颗卫星。当观测截止高度角为 15°时,可保证在地球上任意时刻、任意位置至少观测到 4 颗卫星。

（2）地面控制部分

GPS 系统地面控制部分主要负责监控卫星上的各种设备运行是否正常,并通过接收卫星所播发的卫星星历对卫星运行的轨道进行监测及控制。另外,地面控制部分通过监测得到的各卫星的时间,求出钟差,并发送给卫星,再通过卫星的星历文件发送给 GPS 系统的用户。

该部分包括一个主控站、三个注入站、五个监测站。主控站是整个地面控制部分的技术处理中心,位于美国科罗拉多。其主要任务是收集、处理各监控站送来的数据。根据这些数据预测卫星轨道、计算卫星钟差,并将计算得到的数据传送到地面注入站。当卫星轨道出现偏离时,进行卫星的调度;当卫星部分部件或整个卫星失效时,进行备用设备的启用或备用卫星的启用。

注入站主要负责将导航电文或其他控制命令注入卫星。三个注入站分别位于印度洋中部的迪戈加西亚岛、南大西洋的阿松森群岛和南太平洋的夸贾林岛。注入站将主控站发送来的导航电文进行存储,当卫星通过其上空时,通过大口径发射天线将这些导航电文发送给卫星。

监控站是进行卫星数据接收的站点。五个监控站其中的四个站点与主控站及注入站所在站点位置相同,另外一个站点位于太平洋中部的夏威夷岛。监控站主要接收 GPS 卫星伪距信号及气象信号,并将接收到的伪距信号进行平滑及压缩处理后传送到主控站。

（3）用户部分

GPS 系统用户部分主要作用是接收 GPS 卫星信号,并对信号进行处理及计算。主要包括用户、接收机等部分。GPS 接收机包括天线、主机、电源、控制器等设备。天线的主要作用是把接收到卫星发射的电磁波信号转换为电流信号,并把转换后的信号传送到主机。主机可对 GPS 信号进行简单的解码、计算,从而获得天线到卫星间的距离。GPS 接收机可将天线单元与主机制作成为两个单独的部分,观测时可将天线安置于测点之上,将主机通过通信线与天线相连安置到测点附近,如图 5-1 所示;也可将天线与接收机及通信线等集成在一起,从而减少整个设备的体积,如图 5-2 所示。

GPS 接收机的种类较为丰富,根据其作用的不同可分为导航型接收机、测量型接收机、授时型接收机。导航型接收机较为常见,如汽车导航设备,其特点是导航精度略低,但定位速度较快;测量型接收机在定位精度要求较高时采用,但定位所需时间较长;授时型接收机用来为用户提供高精度的时间信息。

图 5-1　分体式 GPS 接收机　　　　图 5-2　集成式 GPS 接收机

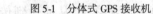**讨论问题**

(1)讨论 GPS 系统由哪几部分组成？各部分的作用分别是什么？

(2)讨论 GPS 系统的空间部分、地面控制部分、用户部分,哪几部分间可进行数据传输通信？哪几部分间不进行数据通信？

5.1.2　GPS 系统的信号结构

GPS 系统的信号,即由卫星传送给用户的信号包含测距码及导航电文。运送测距码及导航电文的电磁波称为载波。测距码的作用是确定接收机天线到卫星间的距离;导航电文搭载的文件包含卫星在三维空间中的位置以及一些气象、时间参数。因此,在进行定位时必须获得测距码及导航电文。但通过测距码定位的精度有时满足不了用户的需求,因此在精确定位时,还可结合载波相位测量精确测定点位。

(1)测距码

测距码包含粗码及精码两种类型。测距码是调制于载波上的二进制码,按照一定的规律进行排列,并进行周期性的重复。粗码与精码的主要区别在于单个位(bit)传输时间与所调制载波的不同。粗码单个字节传输时间约为精码的 10 倍,并且粗码仅调制于 L1 载波上,而精码则同时调制于 L1、L2 载波上,可较完整地消除电离层延迟。因此,精码所测卫星与接收机之间距离精度较粗码高 10 倍左右。

粗码与精码测距原理相同,是通过以下方法来实现的。接收机和卫星同步产生相同的测距码,当接收机接收到卫星测距码后,将自身产生的测距码与接收到的卫星测距码进行比对,获得信号在空间中传播的时间,从而计算得到接收机与卫星间的距离。如图 5-3 所示,当接收机开机后开始产生与卫星相同的测距码;而卫星产生的测距码需经过地球对流层、电离层后最终传输到接收机,卫星的测距码此时与接收机产生的测距码出现了延迟现象。此时,接收机将接收到的测距码进行前移,每前移一位则与自身的测距码进行相关性计算,若相关系数不为 1 则继续前移,直到相关系数为 1 时停止前移。由于每一位延续时间约为 0.98 μs,将其乘以累计的前移位数可以获得卫星信号在空间的传播时间,再将时间乘以光速得到卫星与接收机间的距离。

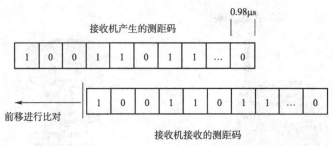

图 5-3　测距码测距示意图

（2）导航电文

导航电文是调制于载波上用来记录卫星位置、卫星钟差、电离层延迟相关参数等重要数据的二进制码。导航电文与测距码同等重要，它是计算接收机位置的必要参数。导航电文主要调制于 L1 和 L2 载波上。

（3）载波

在无线电用于数据通信时，一般都是将信息调制在载波之上，从而达到传输数据的目的。GPS 卫星与接收机之间数据通信包含测距码及导航电文，这些数据被调制到两个频率的载波上。这两个频率的载波由于其频率处于微波的 L 波段，故分别被称为 L1（频率 $f_1 =$ 1575.42MHz）、L2（频率 $f_2 = 1227.60$MHz）载波。目前市场上的 GPS 接收机根据其可测量载波的不同可分为 L1 单频接收机及 L1/L2 双频接收机。利用两个载波进行信号的调制目的主要是为了消除电离层延迟的影响。但由于电离层延迟也可用多种模型或经验公式来进行计算，故一般接收机只要可测量 L1 载波也可进行定位。

载波的作用除了运送测距码及导航电文以外，由于其具有固定波长的余弦波，也可以通过其测定卫星与接收机间的距离，这项技术被称为载波相位测量。在采用测距码测距时，其精度受码元宽度的限制可以达到 2～3m，而载波相位不受码元宽度的影响，其测距精度要远远高于测距码测距精度，可以达到 0.2～0.3mm。但利用载波相位进行定位过程较为复杂，并且会产生整周模糊度的问题，解算过程也较长。目前，载波相位测量主要应用于高精度定位的领域。

讨论问题

（1）GPS 卫星测距码的两个类型分别调制于哪个载波之上？

（2）载波相位测量与测距码测距相比，其主要优点有哪些？

（3）导航电文中包含什么数据？各类数据有什么作用？

5.1.3　GPS 测量的误差源及处理措施

GPS 信号在卫星发射、传输及接收机接收的过程中会受到多种误差的影响，从而导致定位精度降低。因此，在进行 GPS 测量时，必须充分考虑 GPS 测量的误差来源，采用必要的措施降低或消除这些误差的影响，达到提高定位精度的目的。GPS 误差源主要有三个方面，分别是卫星方面的误差、信号在大气中传播过程中存在的误差、接收机方面的误差。

（1）卫星方面的误差

卫星方面的误差主要包含卫星钟差及星历误差。

卫星钟差是指卫星上搭载的原子钟与 GPS 标准时之间存在的差别。卫星钟差的消除有以下几种方案：

①根据卫星星历推算卫星钟差。星历中记载了卫星钟的相关参数,根据这些参数可计算得到卫星钟的钟差。但是,采用该方法计算的卫星钟差仍存在较大残差,一般在较低精度的定位当中采用该方法。

②根据精密星历推算卫星钟差。由卫星发送的广播星历其精度较低,对于高精度的定位工作来说,可以通过精密星历来获得精确的卫星钟差。例如可以通过 IGS 服务来获得精密星历。

③通过观测值间求差的方法消除。某时刻多台接收机对同一卫星进行了观测,则多个观测值中均含有卫星钟差的影响,将两个接收机的观测值进行相减,卫星钟差可以得到有效的消除。

卫星的星历误差是指卫星星历所给出的卫星位置与实际的卫星位置之间的差值。星历误差的消除有以下几种方法:

①采用精密星历。可通过 IGS 来获得精密星历,从而消减卫星星历误差的影响。

②采用相对定位模式。采用相对定位模式可在很大程度上减小卫星星历对定位精度的影响。

(2)传播过程存在的误差

计算卫星与接收机间距离是利用光速乘以信号传播的时间来完成的,但是光在真空中传播的速度是一个定值,而 GPS 卫星信号在传播的过程中会受到地球大气层的影响,从而使光速发生变化。此时就必须考虑地球大气层对光传播时间的影响并对该时间进行改正。这些误差主要包含电离层延迟、对流层延迟、多路径效应。

电离层是在地表高度 60~1000km 间的大气层,其内部广泛存在带电粒子,这些粒子会使穿过它的无线电信号传播速度发生变化并且产生折射、反射、散射等现象,电离层的厚度与时间、地点、太阳辐射等因素相关。对电离层延迟的计算或改正方法有以下几种:

①通过误差模型进行改正。误差模型包含通过对误差产生的机制或产生的原因进行分析建立起来的理论模型,也有通过大量的观测数据建立起来的经验模型。这些模型包含本特(Bent)模型、国际参考电离层模型、克罗布歇模型等。这些模型受到模型参数、观测数据的影响,因此不可能完全地消除电离层延迟的影响。

②通过双频观测值进行改正。由于电离层延迟与载波频率成反比,而 L1、L2 载波具有不同的频率,两个信号到达接收机的时间会产生差别,根据时间差可推算出电离层延迟改正。

对流层延迟是信号在通过高度在 50km 以下的大气层时所导致的信号传播时间发生改变的现象。对流层对 GPS 两个载波信号的折射系数相同,因此不可能采用双频观测值来消除其影响。对流层延迟的计算方法是建立理论或经验模型。

多路径效应是指信号在传输到接收机附近时,部分信号受到反射物反射而进入接收机,与接收机正常接收到的信号产生干涉,从而导致信号失真的现象,如图 5-4 所示。多路径效应会对定位精度产生严重的影响。在 GPS 测量中应采取一定的措施减少多路径效应的产生。多路径效应一般采用以下措施进行消减:

①测站避免设置在附近会产生信号反射或折射的位置。例如高大建筑物附近、山体附近或大面积水体附近。

②采用带有抑径板的接收机天线或采用改进的 GPS 接收机。

③延长观测时段。

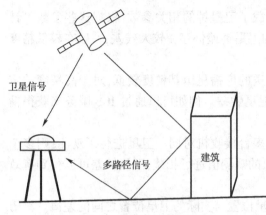

卫星信号

多路径信号

建筑

图 5-4　多路径效应示意图

（3）接收机方面的误差

接收机方面的误差主要包含接收机钟差及接收机测量噪声，而接收机噪声的影响由于相比上述提到的各项误差来说对定位精度影响较小，通常不作处理。接收机钟差是指接收机上搭载的石英钟所记录的 GPS 时间与标准 GPS 时间的差别，由于石英钟的稳定性要远远低于原子钟，因此相比较卫星钟差来说，接收机钟差对定位精度的影响更大。接收机钟差的计算主要有以下两种方法：

①通过伪距反算接收机钟差。利用接收机测定的伪距及接收机接收信号的时间计算接收机钟差，该方法由于计算精度较高，故被广泛地采用。

②通过观测值间求差的方法消除。由于一台接收机可同时观测多颗卫星，多个观测值之间都含有接收机的钟差，将不同卫星间的观测值相减可以有效地消除接收机钟差的影响。

讨论问题

（1）GPS 误差来源于哪些方面？这些误差都采用什么方法进行处理？

（2）比较卫星钟差及接收机钟差产生的原因有哪些异同点？

5.1.4　GPS 伪距定位

GPS 接收机可通过测距码测定卫星与接收机之间的距离，由于测定的距离没有考虑电离层、对流层、卫星钟差、接收机钟差等各项误差的影响，故被称为伪距。利用伪距进行定位也就是通常所说的 GPS 单点定位，该定位方法精度较低，但在精度要求不高的测量领域，该方法应用较为广泛。例如，进行寻点、导航等使用的 GPS 手持接收机，其定位方法主要采用单点定位。

假定第 i 颗卫星信号发射时刻卫星坐标为星历给出的坐标 (x_i^S, y_i^S, z_i^S)，接收机天线相位中心坐标为 (x_p, y_p, z_p)，接收机测定的到第 i 颗卫星伪距为 $\tilde{\rho}_i$，通过模型计算得到的电离层延迟及对流层延迟分别为 $(\rho_{ion})_i$、$(\rho_{trop})_i$，通过星历计算得到的第 i 颗卫星钟差为 t_i^S，接收机钟差为 t_p，则可列出误差方程式（5-1）

$$\sqrt{(x_p - x_i^S)^2 + (y_p - y_i^S)^2 + (z_p - z_i^S)^2} = \tilde{\rho}_i + (\rho_{ion})_i + (\rho_{trop})_i + c(t_p - t_i^S) \qquad (5\text{-}1)$$

误差方程中包含有四个未知数，分别为接收机的三维坐标 $(x_p、y_p、z_p)$ 及接收机钟差 t_p。要求得接收机的三维坐标需要同时观测至少四颗卫星。假定同时观测了 $A、B、C、D$ 四颗卫星，则可列出式（5-2）观测方程组。若观测卫星数多于四颗，则通过最小二乘法求解。

$$\left. \begin{array}{l} \sqrt{(x_p - x_A^S)^2 + (y_p - y_A^S)^2 + (z_p - z_A^S)^2} = \tilde{\rho}_A + (\rho_{ion})_A + (\rho_{trop})_A + c(t_p - t_A^S) \\ \sqrt{(x_p - x_B^S)^2 + (y_p - y_B^S)^2 + (z_p - z_B^S)^2} = \tilde{\rho}_B + (\rho_{ion})_B + (\rho_{trop})_B + c(t_p - t_B^S) \\ \sqrt{(x_p - x_C^S)^2 + (y_p - y_C^S)^2 + (z_p - z_C^S)^2} = \tilde{\rho}_C + (\rho_{ion})_C + (\rho_{trop})_C + c(t_p - t_C^S) \\ \sqrt{(x_p - x_D^S)^2 + (y_p - y_D^S)^2 + (z_p - z_D^S)^2} = \tilde{\rho}_D + (\rho_{ion})_D + (\rho_{trop})_D + c(t_p - t_D^S) \end{array} \right\} \qquad (5\text{-}2)$$

（1）利用伪距进行单点点位时，哪些误差需采用星历进行计算？哪些误差可通过误差方程求解？

（2）电离层延迟可以通过哪些方法进行消减或消除？

5.1.5　GPS 载波相位定位

GPS 卫星发射的 L1、L2 载波除了用于传输测距码及星历数据之外，另一个重要的作用是测定接收机与卫星间的距离。由于载波相位测距精度高，因此目前在需要精确定位的领域得到了广泛的应用。

（1）载波相位绝对定位

如图 5-5 所示，在 T_1 时刻接收机接收到 GPS 卫星信号，由于载波是余弦波信号，因此在 T_1 时刻卫星到接收机间的距离可用 $(N + \Delta\phi)\lambda$ 表示，其中 $\Delta\phi$ 表示卫星到接收机间的不足一周的部分的载波；N 是整波段数，由于余弦波上没有任何标记，因此接收机无法测定整波段数，这个量也被称为整周模糊度。接收机可测定载波相位的变化，当 T_1 时刻接收机接收到信号时，测定其相位与载波初始相位求得相位差即 $\Delta\phi$。在接收机锁定卫星后，便对卫星进行持续的跟踪测量，例如在 T_2 时刻，由于卫星位置变化导致了接收机与卫星间的距离发生了变化，余弦波的周数增加了 $\mathrm{int}(\phi)$，不足一周的部分变化为 $\Delta\phi_1$。$\Delta\phi_1$、$\mathrm{int}(\phi)$ 均可通过接收机测定。不考虑各项误差项影响，载波相位测距如下：

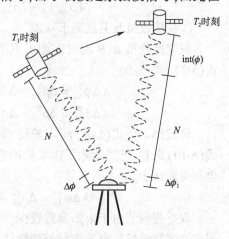

图 5-5　载波相位定位原理图

$$\tilde{\rho} = N\lambda + \left[\frac{\Delta\phi + \mathrm{int}(\phi)}{2\pi}\right]\lambda \tag{5-3}$$

其中，λ 为载波波长；$\tilde{\rho}$ 为采用载波相位测定的伪距。当考虑电离层延迟 $(\rho_{\mathrm{ion}})_i$，对流层延迟 $(\rho_{\mathrm{trop}})_i$，卫星钟差 t_i^{s}，接收机钟差 t_{p} 时，观测方程可用公式（5-4）表示。

$$\rho = N\lambda + \left[\frac{\Delta\phi + \mathrm{int}(\phi)}{2\pi}\right]\lambda + c(t_{\mathrm{p}} - t_i^{\mathrm{s}}) + (\rho_{\mathrm{ion}})_i + (\rho_{\mathrm{trop}})_i \tag{5-4}$$

在上式中，不足一周的相位差 $\Delta\phi$，整周计数 $\mathrm{int}(\phi)$ 可通过接收机测定；卫星位置可通过星历求解；电离层延迟 $(\rho_{\mathrm{ion}})_i$、对流层延迟 $(\rho_{\mathrm{trop}})_i$ 可通过模型或双频观测值进行解算。卫星钟差 t_i^{s}、接收机位置、接收机钟差 t_{p} 可作为未知数看待。因此，整周模糊度的求解就成为关键问题。目前整周模糊度的解算方法主要包括参数法、动态法、快速解算法等方法。

（2）载波相位相对定位

相对定位是指利用两台或两台以上的接收机，同时对视场内的卫星进行观测，通过计算接收机间的坐标增量来推算未知点的坐标。两台接收机间的连线称为基线；两测站间的坐标差值即为坐标增量。相对定位一般是将接收机间作差或将所观测的卫星间作差来构成观测方程，一部分误差在求差的过程中会被完全地消除。因此，相对定位是目前精度最高的定位方法。相对定位采用的求差方法包含接收机间求单差、在接收机及卫星间求双差,以及在接收机、卫星及历元间求三差。

①在接收机间求单差。

例如某一时刻,A、B接收机在同时观测卫星S,得到观测方程式(5-5)、式(5-6)。

$$\rho_A^S = N_A^S\lambda + \left[\frac{\Delta\phi_A^S + \text{int}(\phi)_A^S}{2\pi}\right]\lambda + c(t_A - t^S) + (\rho_{\text{ion}})_A^S + (\rho_{\text{trop}})_A^S \tag{5-5}$$

$$\rho_B^S = N_B^S\lambda + \left[\frac{\Delta\phi_B^S + \text{int}(\phi)_B^S}{2\pi}\right]\lambda + c(t_B - t^S) + (\rho_{\text{ion}})_B^S + (\rho_{\text{trop}})_B^S \tag{5-6}$$

用观测值ϕ_A^S、ϕ_B^S表示$\dfrac{\Delta\phi_A^S + \text{int}(\phi)_A^S}{2\pi}$、$\dfrac{\Delta\phi_B^S + \text{int}(\phi)_B^S}{2\pi}$。并将上述两式相减,得到单差观测方程式(5-7)。此观测方程中已经消除了卫星钟差的影响;并且将电离层延迟及对流层延迟作差,减小了两项误差的影响;未知数、观测值的个数也大为减少。

$$(\phi_A^S - \phi_B^S)\lambda = (\rho_A^S - \rho_B^S) - (N_A^S - N_B^S)\lambda - c(t_A - t_B) - \left[(\rho_{\text{ion}})_A^S - (\rho_{\text{ion}})_B^S\right] - \tag{5-7}$$
$$\left[(\rho_{\text{trop}})_A^S - (\rho_{\text{trop}})_B^S\right]$$

②在接收机及卫星间求双差。

假定接收机A、B同时观测了卫星S、W,可首先在接收机间求一次差,可得到单差观测式(5-8)、式(5-9)。

$$\lambda\Delta\phi_{AB}^S = \Delta\rho_{AB}^S - \Delta N_{AB}^S\lambda - c\Delta t_{AB} - \Delta(\rho_{\text{ion}})_{AB}^S - \Delta(\rho_{\text{trop}})_{AB}^S \tag{5-8}$$

$$\lambda\Delta\phi_{AB}^W = \Delta\rho_{AB}^W - \Delta N_{AB}^W\lambda - c\Delta t_{AB} - \Delta(\rho_{\text{ion}})_{AB}^W - \Delta(\rho_{\text{trop}})_{AB}^W \tag{5-9}$$

将式(5-8)、式(5-9)间求差得到接收机、卫星间的双差观测值,以式(5-10)表示。从式(5-10)来看,已经消除了接收机钟差的影响,未知数数量进一步减少,但此时观测值个数也相应地减少。

$$\lambda\Delta\phi_{AB}^{SW} = \Delta\rho_{AB}^{SW} - \Delta N_{AB}^{SW}\lambda - \Delta(\rho_{\text{ion}})_{AB}^{SW} - \Delta(\rho_{\text{trop}})_{AB}^{SW} \tag{5-10}$$

双差观测值由于未知参数较少,一般的计算机就可胜任解算工作。因此,双差观测值被当前许多接收机厂家的数据处理软件所采用。

③在接收机、卫星、历元间求三次差。

在接收机、卫星间求得双差解后,可以进一步在观测历元间求三次差。三差观测方程可消除整周模糊度参数,其余误差参数也有进一步的消减。但是,三差解由于其是浮点解,因此在GPS测量中广泛采用双差解,而三差解通常用于整周跳变的探测及修复、整周模糊度确定等问题。

讨论问题

(1)比较GPS相对定位单差解及双差解的差别。

(2)GPS相对定位双差解是如何形成的?相比单差解有哪些优点?

自我测试

一、判断题(对的打"√",错的打"×")

1. GPS地面控制部分包含主控站、监控站、注入站。 （   ）

2. GPS测距码通常仅搭载于L1载波上、星历仅搭载于L2载波上。 （   ）

3. GPS测距码分为粗码(C/A码)及精码(P码)。 （   ）

4. 由于测距码精度较低,有时在高精度的测量领域也可用载波相位进行测距。 （   ）

5. 采用精密星历进行定位可以完全消除卫星位置误差的影响。　　　　　　（　　　）

6. 双差观测值是指首先在卫星间求一次差,再在接收机间求二次差。　　　　（　　　）

7. 目前 GPS 接收机厂家的基线解算软件在解算基线向量时广泛地采用三差解。

（　　　）

8. 在卫星间求差可以消除卫星钟差的影响,在接收机间求差可以消除接收机钟差的影响。　　　　　　　　　　　　　　　　　　　　　　　　　　　　（　　　）

二、选择题

1. 下列关于 GPS 系统地面监控部分说法错误的是(　　　)。

A. 注入站主要负责向卫星注入导航电文及其余控制命令

B. 目前共有 5 个 GPS 卫星监测站

C. GPS 卫星可与主控站直接进行通信并交换数据

D. 监测站可将其监测数据发送至主控站

2. 下列关于卫星钟差的说法正确的是(　　　)。

A. 卫星钟差在各误差源中对定位精度影响最小,可在解算中不进行考虑

B. 卫星钟差与接收机钟差产生原因是相同的,因而其数值大小也是相同的

C. 可通过精密星历提供的钟差参数求解卫星钟差从而提高定位精度

D. 采用精密星历可完全消除卫星钟差

3. 在 GPS 观测数据解算时,可不考虑的误差项是(　　　)。

A. 接收机钟差　　　　　B. 星历误差　　　　　C. 对流层延迟　　　　　D. 多路径效应

4. 可用来进行周跳探测及修复的是(　　　)。

A. 单差观测值　　　　　B. 双差观测值　　　　　C. 三差观测值　　　　　D. 伪距观测值

5. 在采用伪距进行定位时(　　　)。

A. 至少需观测 3 颗或 3 颗以上卫星

B. 由于其速度快、精度高,是目前控制测量的主要方法

C. 电离层及对流层延迟通过模型进行计算

D. 需接收机测定载波相位变化及整周数

学习模块 5.2　　GPS 测量实施

学习资源

(1)所用教材相关内容。

(2)教师推荐的学习资源。

(3)精品课程网络资源及有关学习课件。

(4)测量仪器室现有的 GPS 接收机实物及使用说明书。

(5)《全球定位系统(GPS)测量规范》(GB/T 18314—2009)。

(6)《全球定位系统城市测量技术规程》(CJJ 73—97)。

学习要点

(1)GPS 控制网网型。

(2)GPS 控制网精度分级。

(3)各等级控制网外业观测技术要求。

(4)RTK 定位流程。

5.2.1 GPS 控制网等级

在 GPS 网布设前,首先应根据工程项目的用途、控制点密度等综合考虑来确定 GPS 控制网的等级,并进行网型的设计。GPS 网布设的主要规范有:

(1)国家质量技术监督局发布的国家标准《全球定位系统(GPS)测量规范》(GB/T 18314—2009),以下简称《规范》。

(2)建设部发布的行业标准《全球定位系统城市测量技术规程》(CJJ 73—97),以下简称《规程》。

(3)国家测绘局发布的测绘行业标准《全球定位系统(GPS)测量规范》(CH 2001—92)。

根据《规范》可将 GPS 控制网分为 AA、A、B、C、D、E 六个等级,见表 5-1;《规程》将 GPS 控制网分为二等、三等、四等、一级、二级 5 个等级,见表 5-2。

《规范》规定的 GPS 控制网的主要技术要求   表 5-1

级别	固定误差 a(mm)	比例误差系数（ppm）	相邻点平均距离（km）	用　　途
AA	≤3	≤0.01	1000	全球性的地球动力学研究、地壳形变测量和精密定轨
A	≤5	≤0.1	300	区域性的地球动力学研究和地壳形变测量
B	≤8	≤1	70	局部形变监测和各种精密工程测量
C	≤10	≤5	10～15	大、中城市及工程测量的基本控制网
D	≤10	≤10	5～10	中、小城市、城镇及测图、地籍、土地信息、房产、物探、勘测建筑施工等的控制测量
E	≤10	≤20	0.2～5	

《规程》规定的 GPS 控制网的主要技术要求   表 5-2

级别	固定误差 a(mm)	比例误差系数 b(ppm)	相邻点平均距离(km)	最弱边相对中误差
二等	≤10	≤2	9	1/120000
三等	≤10	≤5	5	1/80000
四等	≤10	≤10	2	1/45000
一级	≤10	≤10	1	1/20000
二级	≤15	≤20	<1	1/10000

各等级 GPS 测量中,根据基线边长 d 可用式(5-11)计算相邻点间基线长度的精度。

$$\sigma = \sqrt{a^2 + (b \times d \times 10^{-6})^2} \tag{5-11}$$

 学习指导

理解《规范》、《规程》所列举的控制网技术,在实际应用时能够根据具体的工程项目选取适合的控制网等级,既不能使控制网精度过低达不到项目要求,也不能精度过高造成成本的增加。

5.2.2 GPS 控制网的网型设计

（1）GPS 观测的基本概念

在进行 GPS 控制网的网型设计之前需明确几个基本概念。

①观测时段：接收机在测站上开始采集数据直到结束的时间段，其持续的时间称为时段长度。不同等级的 GPS 控制网对观测时段有严格的要求。

②同步观测：两台或多台接收机同时对卫星进行观测。

③同步观测环：由三台或三台以上接收机对卫星进行同步观测形成的基线向量构成的闭合环。同步环通常用来反映 GPS 测量的质量。

④异步观测环：非同步观测获得的基线向量构成的闭合环。异步环比同步环可以更充分地反映观测中出现的问题。

当采用 n 台接收机进行同步观测，可以得到 $\frac{n}{2}(n-1)$ 条基线向量，但各条基线向量间并不是相互独立的。独立的基线向量只有 $(n-1)$ 条，其余的基线可由独立基线推导得出。独立基线向量可以有多种不同的取法，并且不同的基线向量进行网平差后最终获得的结果也会有差异，因此在进行 GPS 网型设计时应考虑到独立基线的选取问题。

（2）GPS 网的布设形式

在 GPS 网型设计时，为有效地发现观测成果中的粗差并对观测质量进行评定，需将 GPS 网构成一定的图形。这些图形主要包含星型网、点连式、边连式等。

①星型网。

星型网是从一个已知点上分别与待定点进行相对定位，如图 5-6 所示。

星型网构网简单，但由于各基线间不构成任何几何闭合图形，因此其抗粗差能力较弱，通常应用于低等级控制点的测定。

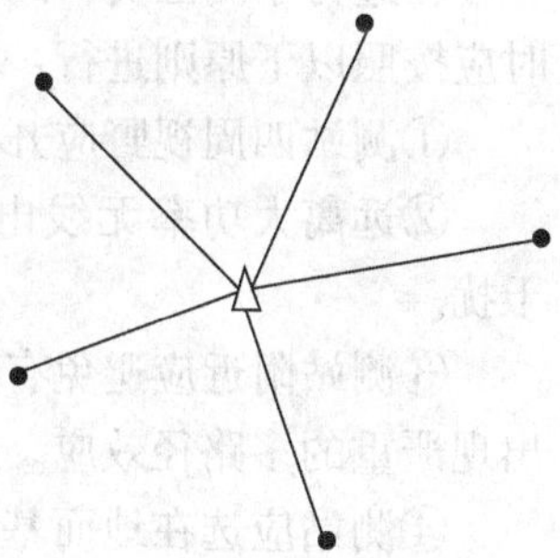

②点连式。

点连式是指相邻同步环之间仅有一个点相连接。如图 5-7 所示，通过 3 台接收机进行了 3 个时段的观测，每个观测时段形成一个同步观测环，各同步环之间通过一个点相连接，由于此种网型没有或很少有非同步图形检核条件，故一般不单独使用。

③边连式。

图 5-6　星型网示意图

边连式即同步环之间由一条公共基线连接。边连式图形由于有较多的重复观测基线，因此几何强度高，发现粗差的能力较强。如图 5-8 所示，共进行了 7 个时段的观测，形成了 7 个同步环，重复观测基线数为 6 条。目前在高精度的定位领域通常采用边连式构网。相对来说，边连式构网重复观测基线多，意味着设备利用率低，工作量大，但这也是获得高精度成果需付出的代价。

（3）GPS 网的布设要求

在进行 GPS 网布设时还应考虑到以下几点：

①GPS 点在观测时不需通视，但在后期使用时可能对 GPS 点有通视要求，因此在布网时每点至少要有一个以上的通视点。

②GPS 测量采用的坐标系为 WGS-84 坐标系，若工程项目采用其他的坐标系统，应在 GPS 网中布设至少三个或三个以上公共点。

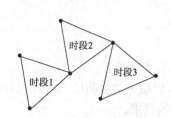

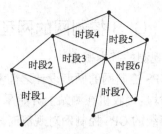

图 5-7　点连式示意图　　　　　图 5-8　边连式示意图

③布网时闭合环或附合线路边数应满足表 5-3 的要求。

闭合环或附合线路边数的规定　　　　　　表 5-3

等级	二等	三等	四等	一级	二级
闭合环或附合线路边数	≤6	≤8	≤10	≤10	≤10

讨论问题

(1)使用 4 台 GPS 接收机拟采用边连式构网进行数据采集,那么在两个观测时段内可获得多少条基线向量?

(2)比较点连式、边连式各自的优缺点。

5.2.3　GPS 外业观测

(1)选点埋石

在进行了测区资料的收集、观测计划拟定之后就可进行 GPS 的选点埋石。在进行选点时应按照以下原则进行:

①测站四周视野应开阔,高度角在 15°以上不宜存在障碍物。

②远离大功率无线电发射源(如电视台、电台、微波站等),避免其对 GPS 接收机的干扰。

③测站附近应避免有反射卫星信号的反射物(如大面积的水面、建筑物、山坡等),避免出现严重的多路径效应。

④测站应选在地面基础比较稳定的地点,并应综合考虑交通条件等。

⑤可充分利用原有控制点标识。

GPS 点位选定之后就可进行埋石造标工作,具体的标石类型及规格请参阅有关规范,在此不作详细介绍。

(2)数据采集

根据观测计划及相应工程精度要求选定的控制网等级选取接收机,如表 5-4 所示。

接 收 机 选 取 要 求　　　　　　表 5-4

级别	AA	A	B	C	D、E
单频/双频	双频/全波长	双频/全波长	双频	双频或单频	双频或单频
观测量至少有	L1、L2 载波相位	L1、L2 载波相位	L1、L2 载波相位	L1 载波相位	L1 载波相位
同步观测接收机数	≥5	≥4	≥4	≥3	≥2

数据采集按以下步骤进行：

①将天线安置于三脚架上，利用对中器及水准管严格对中和整平，对中误差要求不超过3mm。

②将天线定向标识大致指向北方，量取天线高。

③开机后输入测站、天线高等基本信息后开始数据采集。在接收机开始工作后，观测人员应注意设备工作是否正常，采样间隔与设置是否相符合。

④在观测过程中，应严格遵守调度命令，严格按照计划进行观测作业。

在一个时段观测过程中应完全避免以下操作：

①重启接收机。

②改变截止高度角或采样间隔。

③改变天线位置。

各等级 GPS 观测应满足表 5-5 中的各项要求。

GPS 数据采集技术要求 表 5-5

项目		级别	AA	A	B	C	D	E
卫星截止高度角			10	10	15	15	15	15
同时观测有效卫星数			≥4	≥4	≥4	≥4	≥4	≥4
有效观测卫星总数			≥20	≥20	≥9	≥6	≥4	≥4
观测时段数			≥10	≥6	≥4	≥2	≥1.6	≥1.6
时段长度（min）		静态	≥720	≥540	≥240	≥60	≥45	≥40
	快速静态	双频+P码	—	—	—	≥10	≥5	≥2
		双频全波长	—	—	—	≥15	≥10	≥10
		单频或双频全波长	—	—	—	≥30	≥20	≥15
采样间隔（s）		静态	30	30	30	10~30	10~30	10~30
		快速静态	—	—	—	5~15	5~15	5~15
时段中任一卫星有效观测时间		静态	≥15	≥15	≥15	≥15	≥15	≥15
	快速静态	双频+P码	—	—	—	≥1	≥1	≥1
		双频全波长	—	—	—	≥3	≥3	≥3
		单频或双频全波长	—	—	—	≥5	≥5	≥5

讨论问题

（1）同时观测 L1、L2 载波相比仅观测 L1 载波有哪些好处？

（2）选点时如何判别高度角在 15°以上存在障碍物？

5.2.4　GPS-RTK 测量及其应用

GPS-RTK（Real Time-Kinematic）技术是实时动态全球定位系统的简称，它是将载波相位测量与数据传输相结合的一种技术。RTK 是将一台接收机安置于基准站上,另外几台接收机(流动站)进行动态观测。

(1)GPS-RTK 系统组成

①基准站部分:如图 5-9 所示,包含基准站 GPS 接收机、无线电电台、发射天线、电源等。

②流动站部分:如图 5-10 所示,包含流动站 GPS 接收机、无线电天线等。

图 5-9　基准站接收机

图 5-10　流动站接收机

在 RTK 作业时,基准站接收机与流动站接收机同时对出现在视场内的卫星进行观测,基准站接收机将自身的载波相位观测值发送给流动站接收机,与流动站接收机观测数据组成差分观测值,并采用在航模糊度解算技术(OTF)解算整周模糊度。确定出整周模糊度后,通过后续历元的解算,快速确定出流动站接收机的位置。

相比传统的 GPS 相对定位方法,RTK 的基线解算速度更快,可实现实时定位。但由于观测时间较短,误差消除不充分,目前其定位精度只能达到厘米级。在对定位精度要求不高的领域,如测图过程的数据采集、路线测设等,GPS-RTK 技术获得了广泛的应用。

(2)GPS-RTK 定位流程

GPS-RTK 一台基准站可配多个流动站,每个流动站独立工作,但需注意各流动站定位时应保证处于同一坐标系统下。采用 GPS-RTK 进行定位流程如下:

①建立项目,输入项目属性,选择坐标系统。

②基准站接收机设置。基准站设置于已知点或未知点均可。设置于已知点要求已知点的三维坐标,测区坐标转换参数;设置于未知点则要求进行点校正。基准站接收机安置好以后,输入基准站接收机天线高、坐标转换参数(已知点架设)、卫星高度截止角。

③根据测距面积大小设置电台发射频率、功率。

④流动站接收机设置。设置流动站接收机天线高,流动站接收电台频率。

⑤点校正(未知点架设基准站)。

⑥已知点坐标检核。

⑦未知点定位。

(3)GPS-RTK 定位要求

利用 GPS-RTK 进行数据采集时有以下几点需注意:

①GPS-RTK 的整周模糊度解有浮动解及固定解。当接收机显示为浮动解时,定位精度较差,此时应等待固定解后再进行未知点定位工作。

②在数据采集过程中应注意电台信号,如果电台信号中断,应重新连接后再观测,切不可在单点定位模式下进行点位测量。

③在已知点架设基准站模式下,确保坐标转换参数输入正确,并在观测以前应测定至少两个不低于图根点精度的已知点位进行检核。

④在测图过程中应保证流动站接收机距离基准站接收机不超过10km。

 学习指导

GPS-RTK 基本原理与 GPS 相对定位原理基本相同,在学习时可参照"GPS 载波相位相对定位"一节来理解本节内容。

自我测试

一、判断题(对的打"√",错的打"×")

1. GPS 网中已知点数不应少于三个。 （　　）

2. 进行 E 级 GPS 控制网观测,采用的接收机必须能够接收 L1 和 L2 载波。（　　）

3. 进行 GPS 网型设计时,由于星型网连接简单并且精度高因此得到了广泛的应用。
（　　）

4. 同步环就是同步观测基线构成的闭合环。 （　　）

5. 边连式网型相邻两个同步环间有两个公共点。 （　　）

6. GPS-RTK 定位精度要远高于 GPS 静态相对定位。 （　　）

7. 在采用 GPS-RTK 进行定位时,点校正的目的是进行坐标系的转换。 （　　）

二、选择题

1. 如果闭合环中的各基线都是同时进行观测的,则可称为(　　)。
A. 同步基线 B. 同步环 C. 异步基线 D. 异步环

2. 基准站 RTK 接收机可将以下数据传输到流动站接收机(　　)。
A. 星历文件 B. 气象数据
C. 载波相位观测值 D. 基准站设定参数

3. 采用四台接收机进行同步观测,可得到基线向量(　　)。
A. 4 条 B. 6 条 C. 8 条 D. 10 条

4. 在选择 GPS 点位时不需考虑的是(　　)。
A. 便于安置仪器 B. 附近是否有大面积水体
C. 相邻控制点间通视 D. 附近是否有高功率电磁设备

5. 当要建立一个大型城市基本 GPS 控制网时,其精度等级应选择(　　)。
A. AA 级 B. A 级 C. B 级 D. C 级

6. 在利用 GPS-RTK 进行定位时(　　)。
A. 基准站必须设立在已知点 B. 流动站必须设立在已知点
C. 在得到固定解后才可进行定位工作 D. 浮动解的精度要高于固定解

7. 下列关于 GPS-RTK 测量说法错误的是(　　)。
A. GPS-RTK 基准站与流动站间的数据通信是通过电台来完成的
B. 在利用 GPS-RTK 进行定位时应考虑其工作半径
C. 在整周模糊度解算时,流动站应固定不动防止整周模糊度发生改变
D. 建筑物可能遮挡卫星信号,因此在建筑物密集的地区并不适宜采用 GPS-RTK 进行
数据采集

实训任务 5.3　GPS 基本测量

 实训内容

熟悉 GPS 接收机各部件的功能,将 GPS 接收机安置于测站后进行数据采集,数据采集按照 E 级 GPS 网技术要求进行。每小组完成 4 个点,共 6 条同步基线的外业观测工作,并将观测成果传输到电脑上。

 实训条件

以小组为单位借领 GPS 接收机 4 台,脚架 4 个,钢卷尺 4 把。

实训程序

(1)由指导教师现场指导 GPS 接收机的开机、项目的建立、历元间隔、卫星截止高度角设定等工作。

(2)学生分组认识 GPS 接收机的构造,按照 E 级 GPS 网技术要求进行 GPS 接收机的安置、基本参数的设置,进行数据采集工作。

(3)课后完成实训报告。

实训目标

能够比较规范地完成一个时段内的 GPS 测量外业数据采集工作。

5.3.1　教学说明——GPS 基本测量实训

(1)安置 GPS 接收机与经纬仪的安置过程基本一致,但 GPS 接收机在安置时应保证天线头上的指针大致指向北方向。

(2)部分接收机附带了量取天线高的设备,此时应严格按照该型号接收机相应要求进行天线高的量取。

(3)项目设置时,一般要求操作者输入坐标系统,在此处可不做录入或选择 WGS – 84 坐标系,待数据采集完成进行内业计算时,通过约束平差转换坐标系统。

(4)在选点阶段,应避免将点位选择在有高大建筑物、山坡、湖面等有可能产生严重多路径效应的地点。

(5)进行相对定位时,4 台接收机应将参数调整一致,按照最晚开机的接收机开始采集数据的时间作为整个项目的开始时间。

(6)观测过程中应注意观察接收机观测卫星数据是否正常。

5.3.2　任务实施——GPS 基本测量实训

(1)将 GPS 接收机安置在三脚架上

步骤描述:

打开三脚架并使脚架头大致处于水平状态,用中心连接螺旋将基座与三脚架连接;进行对中、整平操作;将接收机天线安置于基座上。

训练指导:

进行整平和对中并将天线安置于基座上后,应及时对天线高进行量取,并将其记录于GPS观测手簿。

(2)项目信息及相关参数设置

步骤描述:

在接收机开始工作之前,需根据具体项目情况将相关参数输入到接收机当中,项目情况包括项目名称、坐标系统、操作人员、项目描述等。其中坐标系统相关参数包括:投影参数、基准转换参数、水平平差及垂直平差参数、观测相关参数(包括采样间隔、卫星截止高度角等参数)。

训练指导:

①输入项目名称时应避免与已经存在项目重名,最好以小组的组号及观测日期共同组成项目名称。

②坐标系统相关参数较多,但并不是每项都需要输入。例如投影参数、水平平差、垂直平差参数等,在GPS网内业解算后会自动计算得出。若已经通过其他手段或其他项目获得了这些参数,可在此处进行输入。

③根据 E 级 GPS 网要求,将采样间隔时间设置为10s,卫星截止高度角为15°。

(3)数据采集

步骤描述:

GPS数据采集过程比较简单,一般在仪器开始数据采集后的一个时段内不需要观测人员进行其他操作。但是为避免出现观测过程中电池电力不足等特殊情况,观测人员应随时对接收机状况进行观察。

训练指导:

①注意接收机观测卫星个数是否正常,一般情况下接收机可同时观测到 4 颗卫星;若观测到的卫星数少于 4 颗,则考虑周围建筑物有遮挡。

②观察采样间隔是否与设置一致,确保数据的正常采集。在观测过程中,应将测站相应信息填入表5-6。

GPS 测量记录手簿   表 5-6

观测者姓名_____ 　　　　日　　期_____年___月___日

测 站 名_____ 　　　　测站号_____

天 气 状 况_____ 　　　　时段号_____

测站近似坐标:

经度:E _____°_____'

纬度:N _____°_____'

高程:_____(m)

本测站为:

□_____新点

□_____等大地点

□_____等水准点

□_____

记录时间:　　□北京时间　　　　□UTC　　　　□区时

开录时间_____　　　　结束时间_____

接收机号_____　　　天 线 号_____　　　天 线 高_____

测后校核值_____　　1._____　　2._____　　3._____　　平均值_____

天线高量取方式略图	测站略图及障碍物情况

观测状况记录

①电池电压：_____（块条）

②接收卫星号：_____

③信噪比（SNR）：_____

③故障情况：_____

⑤备注：_____

学习单元 6　地形图测绘

学习模块
学习模块 6.1　地形图测绘的传统方法
学习模块 6.2　数字化测图原理及方法

实训任务
实训任务 6.3　全站仪数字化测图

地形图测绘描述

地形图是指在图上既表示出了房屋、道路、河流等一系列地物的平面位置,又表示出地面各种高低起伏的地貌形态,经过综合取舍,按一定的比例尺并用规定的图示符号绘制在图纸上的正射投影图。地形图测绘是在控制测量的基础上,测定控制点附近地物特征点、地貌特征点的平面位置及高程的过程。

地形图测绘是与多个学科相关的基础技术,例如建筑工程、道路工程、桥隧工程、水利工程、林学、农学等学科。当前,地形图测绘的方法大体上可分为两大类,即传统的地形图测绘方法和数字化测图方法。不论采用何种方法都是通过用点来表示地物、地貌。因此,测图的过程实际上就是测地形点三维坐标的过程。

学习地形图测绘时应掌握以下一些内容:

(1)应深入理解地形图测绘的基本原理,能够把握并选择各类地物、地貌特征点。

(2)应掌握传统的测图方法。

(3)能够利用全站仪或 GPS-RTK 数字化测图方法进行地形图的数据采集工作,并了解利用绘图软件编绘大比例尺地形图的基本工作流程。

学习模块 6.1　地形图测绘的传统方法

学习资源

(1)所用教材相关内容。

(2)教师推荐的学习资源。

(3)精品课程网络资源及有关学习课件。

(4)查阅全站仪及 GPS-RTK 相关说明书。

(5)《国家基本比例尺地图图式第一部分 1:500　1:1000　1:2000 地形图图式》(GB/T 20257.1—2007)。

(6)图书馆有关地形图测绘的资料。

（1）地形图测绘的基本概念。

（2）地物、地貌特征点的选择。

（3）传统测图方法。

6.1.1　地形图测绘的基本概念

地形图上表示的内容有地物和地貌两类。

（1）地物

地物是指地球表面固定的物体,它又分为自然地物和人工地物两类。自然地物是指河流、树木、湖泊、森林等;人工地物是指房屋、道路、桥梁、电杆等。地物在地形图上采用地物符号来表示,地物符号有以下三类:

①比例符号。将垂直投影在水平面上的地物形状轮廓按测图比例尺缩小后绘制在地形图上,再配合文字注记来表示地物特征的符号。这种类型的符号从各方向量取得到的长度与实物都成固定的比例关系。

②半依比例符号。一些线状的或投影在水平面上宽度较小的地物,按测图比例尺缩小后在地形图上仅表示其中心位置及长度特征,不表示其宽度特征的符号为半依比例符号。例如,铁路、公路等。

③非比例符号。一些点状地物如旗杆、水井等,或外轮廓按照比例缩小后在地形图上太小而无法表示的地物等,这种类型的地物可采用不表示地物形状与大小,只表示地物位置的非比例符号来表示。

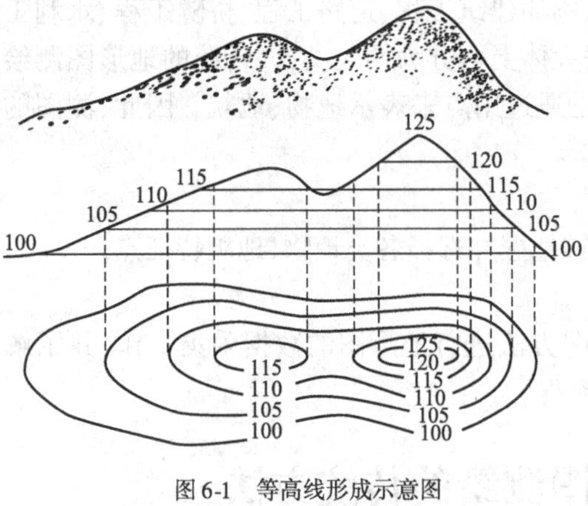

（2）地貌

地貌是指地球表面高低起伏的自然形态,地貌一般用等高线来表示,特殊地貌用专门特殊的地貌符号表示。等高线是指高程相等的相邻点连成的封闭曲线。如图6-1所示,假想采用一个足够大的水平面,分别在高程100、105、110、115、120、125 对山体进行水平切割,将切割后的轮廓线投影到水平面后,就形成了等高线。

图6-1　等高线形成示意图

等高线涉及以下一些概念:

①等高距:相邻两条等高线间的高差称为等高距。当地形条件不变,等高距越大则等高线越稀疏。等高距在测图前就已经确定,并且不同比例尺的地形图采用的等高距也有所区别。选用等高距要综合考虑比例尺与地形因素,根据表6-1 最终确定。

地形图的基本等高距 表6-1

地形类别	地面倾角	比 例 尺			
		1:500	1:1000	1:2000	1:5000
平坦地	$\alpha < 3°$	0.5	0.5	1	2.0
丘陵地	$3° \leqslant \alpha < 10°$	0.5	1	2	5.0

地形类别	地面倾角	比 例 尺			
		1:500	1:1000	1:2000	1:5000
山　地	$10°≤α<25°$	1	1	2	5.0
高山地	$α≥25°$	1	2	2	5.0

②等高线平距:相邻两条等高线间的水平距离称为等高线平距。等高线平距的大小可以表达地形坡度的陡缓。如果等高距固定,等高线越稀疏的地方地势越平坦;等高线越密集的地方,地势越陡峭。

③示坡线:垂直于等高线,用于指示坡度下降方向的短线。仅有等高线无法判断地形的起伏情况,因为有的地形情况完全不同,等高线却完全相同。例如山头与盆地。为了读图、用图的方便,则加示坡线加以区别。

等高线有以下几种类型:

①首曲线:按照测图前确定的基本等高距绘制的等高线。

②计曲线:每隔四条等高线加粗绘制的等高线。

③间曲线:按照 1/2 基本等高距绘制的等高线。

在地形图上一般不需要绘制间曲线,只有在需要详细表达的局部缓坡区才可能采用。

等高线的主要特性有:

①等高性:同一等高线上点的高程必然相等。

②闭合性:等高线是闭合曲线,即使在本图幅不闭合,则在相邻图幅内闭合。

③正交性:等高线与山脊线、山谷线正交。

④非交性:除悬崖外,等高线间不能相交。

⑤密陡稀缓性:等高距相同,等高线越密集地势越陡峭;等高线越平缓地势越平坦。

讨论问题

(1)讨论等高距、等高线平距、坡度三者相互关系。

(2)地物、地貌在地形图上如何表示?

6.1.2　地物、地貌特征点的选取

测量地物和地貌,其实质就是确定地物特征点和地貌特征点的位置。能否恰当地选取地物特征点和地貌特征点,是决定测图精度及测图速度的关键因素。地物特征点和地貌特征点的选取与地形图比例尺、地形图图式有很大关系。

(1)地物特征点的选取

①按比例绘制的地物。

按照比例符号绘制的地物,其地物特征点应选择地物轮廓的转折点,此类地物比较典型的有房屋、林地等。如图 6-2、图 6-3 所示,该房屋前半侧外轮廓的转折点有 1、3、4、8、9 号点。房屋附属设施有台阶及门廊,台阶轮廓点有 2、3、5、6、7 号点;门廊特征点为 3、6 号点,与台阶上边缘特征点重合。由于门廊边缘与楼体边缘平行,作图时可通过平行线相交得到 10 号点的位置。

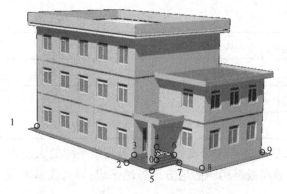

图 6-2 房屋特征点

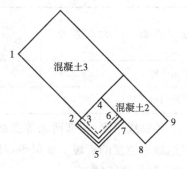

图 6-3 地形图上房屋的表示

②按照半依比例符号绘制的地物。

按照半依比例符号绘制的地物,其特征点应选择在地物的中心线或两侧边线上;如果有曲线段,则应选择直圆变换点、曲线中点、圆直变换点。这种类型比较典型的地物有铁路(比例尺小于或等于1:2000时用半依比例符号表示)、公路(比例尺小于或等于1:2000时用半依比例符号表示)、电力线、通信线等。如图6-4、图6-5所示,铁路在比例尺小于或等于1:2000地形图测绘时,应测定铁路中心点即2号点。在中心点处还需注记轨面高程,通过5号点测定。附属设施为路堤,1、3号点测定了路肩的位置,4号点测定了坡底的位置。

图 6-4 铁路及路堤特征点

图 6-5 地形图上铁路、路堤的表示

③按照非比例符号绘制的地物。

按照非比例符号绘制的地物,大多为点状地物,其特征点应选择在地物的中心点。如控制点、树木、电杆、市政设施等。若地物中心点无法立标志,可在地物左右两侧各测定一点,在编图时通过求两点连线中点的方法确定。

(2)地貌特征点的选取

地貌特征点的选取应根据具体地貌进行分析,如果地貌可以用等高线表示(包括:山顶、鞍部、盆地、山脊、山谷),则选择山顶、鞍部的起点、终点、方向变换点、坡度变换点;如果地貌不能用等高线表示(包括:陡崖、冲沟),则选择崖壁棱线的方向变换处及冲沟的沟头、沟边线的变化处,如图6-6所示。除此之外,如果地面坡度较为固定,需在坡面上每隔固定距离再测定一些地貌特征点。这种类型的点的数量按照比例尺不同而异。例如,1:500地形图要求碎部点间距不大于15m;1:1000地形图要求不大于30m;1:2000地形图不大于50m。其余比例尺应根据规范规定进行确定。

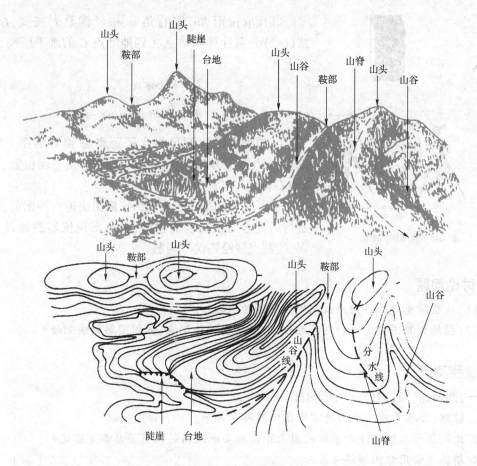

图 6-6　综合地形图

地物、地貌特征点和图式符号的选择,可参照《国家基本比例尺地图图式第一部分1:500 1:1000　1:2000 地形图图式》(GB/T 20257.1—2007)。

6.1.3　传统的测图方法

测图方法是指在测区内已分布有足够数量图根控制点的条件下,采用测量仪器设备测绘地物或地貌特征点的方法。传统的测图方法主要有经纬仪测图法、大平板仪测图法。二者测图原理相同,所用仪器设备不同。下面以经纬仪测图法为代表,阐述大比例尺地形图的传统测图方法。

(1)建站

如图 6-7 所示,选择建筑物附近的控制点 A 点作为测站点,安置经纬仪并量取仪器高 i;后视另一控制点 B 作为定向点,将该方向的水平度盘读数配置为零度;将带有支架的图板安置于测站点附近,图板上的图纸已提前展绘好与实地对应的控制点(见图 6-7 中 a、b、c),用测针(可用较细的大头针替代)将半圆分度器的圆心固定于图板上的 a 点位置。

(2)测绘地形点

①选择地形点 C(见图 6-7)立地形尺,经纬仪望远镜照准 C 点地形尺。

②读取水平度盘读数,按测定的水平角在图板上转动分度器标出 C 点图上方向。

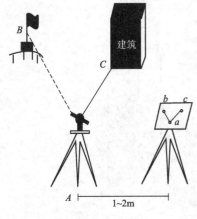

图 6-7　经纬仪测图法

③读取视距 Kn、竖直角 α、中丝读数 l，按式（6-1）、式（6-2）分别计算测站点 A 到地形点 C 的水平距离 D 和高差 h。

$$D = Kn\cos^2\alpha \tag{6-1}$$

$$h = \frac{1}{2}Kn\sin2\alpha + i - l \tag{6-2}$$

④根据测图比例尺将水平距离 D 换算为图上距离 ac，沿 c 点图上方向截取长度 ac，即得 c 点平面位置，并在 c 点右侧注记其高程数字。

需要注意的是在采用经纬仪测图法进行测图前，需要进行后视方向及高程的检核，避免出现仪器测站设置错误、控制点展绘错误等问题。

讨论问题

（1）从数学角度分析经纬仪测图法的测绘原理。

（2）经纬仪测图法是一种图解方法，对于重要的地形点，如何用解析法测绘？

 自我测试

一、判断题（对的打"√"，错的打"×"）

1. 铁路、公路等线状地物通常用非比例符号表示。　　　　　　　　　　　　（　　）

2. 比例符号从任何方向量取的图上距离与实地距离的比值关系都是固定的。（　　）

3. 耕地通常用非比例符号表示。　　　　　　　　　　　　　　　　　　　（　　）

4. 等高距是等高线平距的简称。　　　　　　　　　　　　　　　　　　　（　　）

5. 等高距在一幅地形图上是固定不变的。　　　　　　　　　　　　　　　（　　）

6. 在 1:500 地形图上，不论是否需要必须绘制间曲线及助曲线。　　　　　（　　）

7. 鞍部也可用等高线表示。　　　　　　　　　　　　　　　　　　　　　（　　）

二、选择题

1. 在 1:500 地形图中可用非比例符号表示的地物是（　　　）。

　　A. 公路　　　　　　　B. 铁路　　　　　　　C. 高层建筑物　　　　　D. 泉

2. 关于等高线说法正确的是（　　　）。

　　A. 一条等高线上的点高程是相同的

　　B. 等高线与山脊线及山谷线不可相交

　　C. 等高线间的高差需根据等高线绘制后的疏密程度进行确定

　　D. 等高线一般不闭合，只有在出现陡崖、冲沟等特殊地物时会出现闭合的情况

3. 在地物、地貌特征点选择时（　　　）。

　　A. 点状地物特征点一般位于地物边缘

　　B. 建筑物特征点一般选择在建筑物轴线上

　　C. 地貌特征点一般选择在坡度有改变的地方

　　D. 如果地面平坦则无须进行地貌特征点的测定

4. 关于经纬仪测图法说法正确的（　　　）。

A. 为保证测图精度,图板必须安置在测站点上

B. 测站点高程必须是已知的,平面坐标已知、未知均可

C. 点平面位置的测定是通过测定一个角度和一个距离来完成的

D. 分角器需安置到图板上的后视点处,便于特征点绘制

5. 经纬仪测图法在测定特征点前的准备过程不包括(　　)。

A. 经纬仪的整平及对中　　　　　　　B. 图板的安置

C. 后视方向及高程检核　　　　　　　D. 测定图板与经纬仪间的距离

学习模块6.2　数字化测图原理及方法

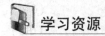

学习资源

(1)所用教材相关内容。

(2)教师推荐的学习资源。

(3)精品课程网络资源及有关学习课件。

(4)《1:500　1:1000　1:2000 外业数字测图技术规程》。

学习要点

(1)全站仪数字化测图原理。

(2)数据采集与草图绘制的要求。

(3)利用 CASS 软件进行地形图编绘。

6.2.1　全站仪数字化测图原理

全站仪数字化测图是指在外业测量阶段利用电子全站仪配合"草图"或"电子平板"进行地物、地貌特征点的采集,在内业阶段采用绘图软件进行电子地形图编绘的工作。

利用全站仪的坐标测量、存储、计算等功能,其数据采集原理可用图 6-8、图 6-9 表示。A、B 两点为控制点,其坐标已通过控制测量得出。全站仪安置在 A 点,此时 A 点称为测站点。B 点放置了测旗,将其作为后视点。待测点为 C 点。

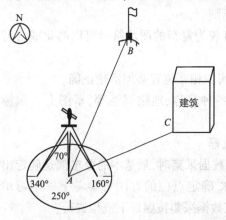

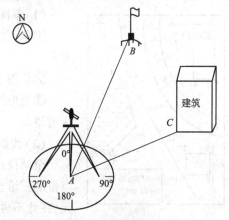

图 6-8　定向前全站仪水平度盘读数　　　图 6-9　定向后全站仪水平度盘读数

将测站坐标、后视点坐标输入仪器,此时度盘读数如图 6-8 所示。旋转照准部照准 B 点

进行后视定向,仪器按式(6-3)自动计算 AB 坐标方位角 α_{AB} 并将水平度盘配置为 α_{AB},如图6-9所示。

$$\alpha_{AB} = \arctan \frac{Y_B - Y_A}{X_B - X_A} \tag{6-3}$$

由于仪器此时照准点为 B 点,因此仪器视准轴的方位角即 α_{AB}。度盘0°所指的方向即为坐标北方向。当旋转仪器照准部时,由于度盘位置固定不变,因此水平度盘读数就是视准轴的方位角,也即望远镜所照准直线的方位角。当照准空间中 C 点时,仪器所显示水平度盘读数为直线 AC 的方位角 α_{AC}。仪器又通过测距功能测定 AC 间的距离 D_{AC},则 AC 边坐标增量可通过式(6-4)、式(6-5)计算得到。根据 A 点平面坐标可得到 C 点平面坐标 X_C、Y_C。C 点高程是通过三角高程方法进行确定的。

$$\Delta Y_{AC} = D_{AC} \cdot \sin\alpha_{AC} \tag{6-4}$$
$$\Delta X_{AC} = D_{AC} \cdot \cos\alpha_{AC} \tag{6-5}$$

可见,在整个过程中如果 A、B 坐标输入错误、照准后视方向 B 点错误均会导致计算 C 点坐标的错误;A 点高程输入错误、仪器高量取和输入错误、目标高量取或输入错误均会导致计算 C 点高程的错误。

讨论问题

(1)全站仪测定地面点坐标是如何实现的?

(2)在利用全站仪测定地面点坐标时,为何要进行后视定向?

6.2.2 外业数据采集

外业数据采集主要设备可采用全站仪或 GPS-RTK。按照数据记录方法的不同,可分为"草图法"和"电子平板法"。目前,广泛应用的是"草图法"。"草图"是指在数据采集时同时绘制的示意图,草图绘制了测图区域内全部所测定的地物和特殊地貌的特征点及其相应的点号,并根据特征点的属性和相互关系草绘成图,而采用等高线表示的地貌在草图上不需表示。如图6-10所示,草图上表示出了测图区域内的所有地物及其特征点的点号,这些地物包括建筑物、道路、电杆、输电线、铁丝网、林地。

(1)草图绘制的基本原则

①草图绘制时,如果有较为复杂的图示符号可以简化或自行定义。

②草图上地形要素之间的相互位置必须清楚正确。

③地形图上需注记的各种名称、地物属性等,草图上必须标注清楚。

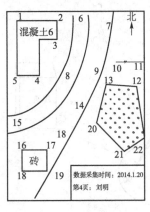

图6-10 外业草图

(2)数据采集的基本流程

全站仪或 GPS-RTK 在数据采集时,最基本的要求都是确定出点位的三维坐标,利用 RTK 确定点位的方法可参考上一学习单元,在此不再赘述。全站仪数据采集按照以下流程进行:

①安置仪器,对中和整平,开机。

②量取仪器高。在测距模式输入温度、气压、棱镜常数等数据。

③建立文件,输入测站点、后视点、仪器高。如果采用内存中已有控制点作为测站点及后视点,可进行调用。

④照准后视点进行定向。

⑤后视方向及高程检核。后视方向及高程检核时,可采用后视点作为检核点,也可采用其他已知点作为检核点。将测定检核点坐标与已知坐标相比较,计算误差。若满足测图精度要求则开始数据采集;若误差超限则积极查找原因或及时进行返工。

⑥测量碎部点。

全站仪数字化测图人员组成为:观测员1人,负责操作全站仪,观测并记录数据;领图员1人,负责指挥立镜员,控制点加密,现场勾绘草图。领图员是小组的核心人员,要保证草图的整洁,并应注意经常与观测员核对点号;立镜员1~3人,负责立镜,要求对特征点把握较为准确。若经验不足,则由领图员指挥立镜。

 学习指导

在本节应注意掌握全站仪测站设置的流程,并结合实训任务熟练掌握全站仪数据采集的流程。

6.2.3 利用 CASS 软件进行内业编图

CASS 软件是目前进行数字化成图的主要软件,该软件各菜单均以对话框或命令行提示的方式与用户交互应答,操作灵活方便。CASS 软件主要读取的数据文件格式为 * . dat 格式文件,该文件可由记事本打开并编辑,打开后的文件如图 6-11 所示。文件共由 5 列数据构成,各列数据由逗号进行分隔。首列数据为点号;第二列数据为编码(采用"编码法"进行测图时,在外业观测时需根据地物地貌点类型输入。若采用"草图法",则不需输入);第三列数据为横坐标(Y/E);第四列数据为纵坐标(X/N);第五列数据为高程。

CASS7.1 界面如图 6-12 所示,主要由菜单栏、工具栏、命令栏、状态栏等几大部分组成。菜单栏主要功能包含数据文件相关操作、地物地貌特性编辑、各种工程应用功能等;屏幕菜单包含有所有的地物地貌符号;工具栏主要包含简单的线形、图形的绘制或其特性编辑;命令栏主要用于操作的提示及命令行绘图。

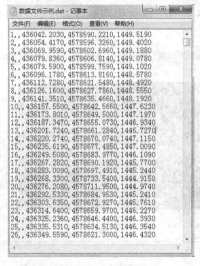

图 6-11 dat 文件数据格式

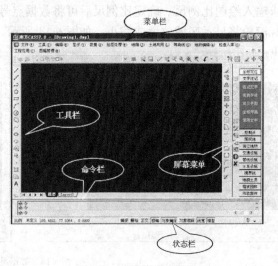

图 6-12 CASS 软件主界面

（1）数据传输

数据传输是通过 CASS 软件将全站仪数据传输至计算机。数据传输可由软件的数据菜单的读全站仪数据来完成。另外，近年生产的部分全站仪或 GPS-RTK 都在主机上安装了闪存盘，可以直接将数据拷贝在电脑上，对于这部分设备可不通过数据传输对话框来传输数据。数据传输对话框如图 6-13 所示。其中各项参数的意义如下：

仪器：要求按照全站仪型号选择。

通信参数：包含通信口、波特率、数据位、停止位、校验等几个选项，在数据传输时应保证软件通信参数与仪器通信参数一致，否则会导致数据格式错误。

超时：若软件在规定时间内没有接收到全站仪数据，则自动停止连接。

通信文件：通信临时文件是通信过程中数据存放的临时地址，可不做修改。CASS 坐标文件是指传输后的数据文件存放地址。

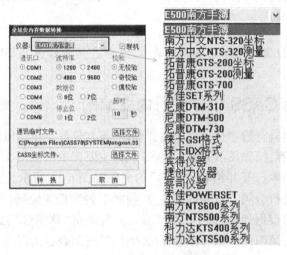

图 6-13　数据传输对话框

（2）数据显示

当数据已经传输到电脑以后，需将数据展绘到软件的显示区域当中。在菜单栏选择"绘图处理"菜单下"展野外测点点号"，在打开的对话框选择坐标数据文件。此时命令行提示要求输入绘图比例尺。确定比例尺后可将数据点号及数据点位显示到软件显示区。可利用鼠标滚轮将显示区域放大或缩小。如图 6-14 所示。

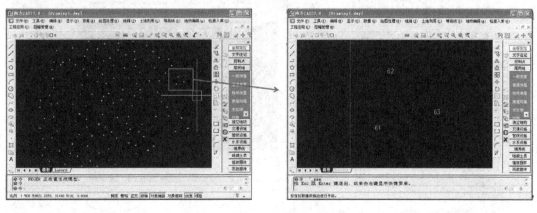

图 6-14　数据显示

（3）地物地貌编绘

地物的编绘主要是依据屏幕菜单来完成的。根据草图所记录的地物点号并选择屏幕菜单的地物图式绘制地物。在绘制时，应注意软件命令行的提示，根据提示选择合适的操作。

编绘地貌前，应将文件展点号图层（ZDH）关闭，打开软件高层点图层（GCD）。设置图层可通过图层特性管理器来完成，如图 6-15 所示，地物地貌图层名称均以各图层名称的拼音首字母命名。若在前面的操作过程未展出高程点，此时还需进行高程点展绘。高程点展绘可通过菜单栏"绘图处理"中"展高程点"菜单进行。当展出高程点后进行等高线绘制，其步骤如下：

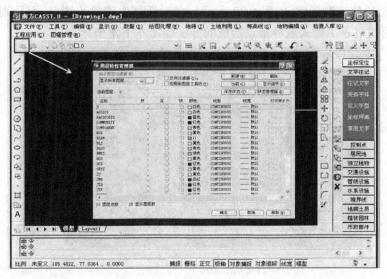

图 6-15　图层特性管理器

①建立 DTM 网。由"等高线"菜单的子菜单"建立 DTM"打开建立 DTM 对话框，如图 6-16 所示。DTM 可由数据文件建立，也可由图面高程点建立。根据选择的文件或高程点建立后的 DTM 网如图 6-17 所示。

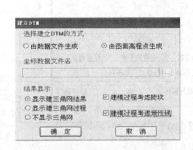

图 6-16　建立 DTM 对话框

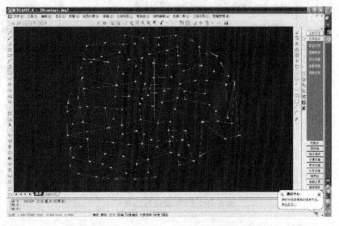

图 6-17　根据图面高程点建立的 DTM 网

②过滤、增加及删除三角形。过滤三角形是指将不合理的三角形删除，例如角度过大或过小的三角形。建立的 DTM 网中的三角形若出现重边或不应该有等高线穿过时，应将其删除。

③绘制等高线。根据建立的 DTM 网进行等高线自动绘制。如图 6-18 所示。

④等高线修剪。绘制完等高线后,等高线可能出现交叉、穿地物等情况,可通过修剪命令完善等高线。

(4)地形图分幅

地形图绘制完成以后应进行分幅处理。在分幅以前需进行图框的设置,可在"文件"菜单的"CASS 参数配置"子菜单打开图框设置对话框,如图 6-19 所示。输入图框规定的各项内容后,在"绘图处理"菜单下,选择"标准图幅(50cm×50cm/50cm×40cm)"、"任意图幅"、"小比例尺图幅"等分幅方法。若为大比例尺地形图,分幅方法应选择标准图幅(50cm×50cm),打开图幅整饰对话框,如图 6-20 所示。在对话框中需输入图名,图号则按照左下角坐标确定。可通过手工输入或屏幕点拾取的方法确定左下角坐标。

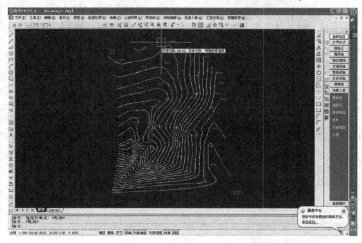

图 6-18　根据 DTM 网绘制的等高线

图 6-19　图框设置对话框

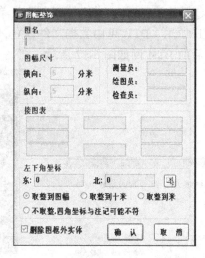

图 6-20　图幅整饰对话框

 学习指导

CASS 软件是基于 CAD 平台开发的,因此 CAD 的命令功能对 CASS 同样有效。在学习本软件时可结合《大比例尺地形图机助制图规范》(GB 14912—1994)及 CASS 软件帮助文件来进行。

自我测试

一、判断题（对的打"√"，错的打"×"）

1. 在利用数字化测图以前需进行温度、气压等参数的设置。( )

2. 全站仪数据采集是利用其测距、测角及计算功能来确定特征点平面位置的。( )

3. 在利用全站仪进行地形图测绘时在草图上需将地物、地貌都表示出来。( )

4. 领图员的主要任务是绘制草图及操作全站仪。( )

5. 使用 GPS-RTK 进行数据采集前，必须首先解算出整周模糊度。( )

6. 利用 GPS-RTK 单点定位功能测定的碎部点精度，能够满足 1∶500 地形图的精度要求。( )

7. 全站仪与计算机进行数据传输时，为提高传输效率，全站仪与计算机应设置不同的传输参数。( )

8. 使用 CASS 软件进行等高线绘制前，需建立 DTM 网。( )

二、选择题

1. 全站仪数据采集中后视定向的目的是确定( )。

  A.测站高程　　　　B.测站位置　　　　C.标准方向　　　　D.目标象限角

2. 以下选项中，在全站仪数据采集前不需输入的是( )。

  A.测站坐标　　　　B.仪器高度　　　　C.温度　　　　　　D.后视点高程

3. 全站仪数据采集时输入测站点坐标的目的是为了( )。

  A.传递坐标　　　　B.测定距离　　　　C.测定角度　　　　D.检验已知边方位角

4. 下列关于 CASS 软件成图说法错误的是( )。

  A.软件默认的数据格式为 *.dat 格式

  B.数据采用记事本打开后第三列对应的是 Y 坐标

  C.在地物绘制以前需将高程展绘出来

  D.地物绘制时可通过屏幕菜单来进行

5. 在进行地物地貌编绘时，以下说法正确的是( )。

  A.编绘时应先进行地貌的编绘再进行地物的编绘

  B.编绘地物以前需建立 DTM

  C.建立 DTM 后应对三角形进行完善，避免出现三角形角度过大过小的现象

  D.地物绘制时若草图中缺少关键点位，也可以根据自己的记忆来绘制

实训任务 6.3　　全站仪数字化测图

实训内容

以小组为单位熟悉全站仪测站设置步骤，并采用"草图法"进行实训场地的地物、地貌的特征点采集工作；在指导教师的帮助下，各小组应用绘图软件生成 1∶1000 地形图。

实训条件

(1) 每组全站仪一套，电脑一台(安装有绘图软件)。

(2) 实训场地布设有能够满足分组实习的三维控制点。

实训程序

(1)全站仪测站设置。

(2)应用全站仪数据采集并绘制草图。

(3)数据传输。

(4)应用绘图软件生成地形图。

实训目标

能够准确把握典型地物、地貌特征点的位置并绘制草图;了解数据传输与绘图软件的使用方法。

6.3.1　教学说明——全站仪数字化测图实训

(1)正确输入测站、后视点坐标至关重要,输入后应进行核对,确保其数值的正确。

(2)仪器高是指由地面点标志上边缘至望远镜中心的斜距。望远镜中心一般在竖直度盘一侧或电池一侧刻有刻线,可将其作为量取仪器高的标志。

(3)定向所使用的标志可以是棱镜也可以是其他类型的标志,例如花杆、铅笔等。如果测站距离后视点较近,最好使用铅笔。因为其目标较细则定向误差就会减小。

(4)如有多个已知点可供定向使用,应选择距离较远的一个从而减小定向误差。

(5)后视方向及高程的检核最好使用除定向点以外的其他已知点,若其他已知点不通视,也可采用后视点进行检核。

(6)在绘制草图时,地物及特殊地貌例如陡崖、冲沟等应表示出来。测图过程中,测量员与领图员间应及时核对点号,避免出现草图点号与仪器点号不一致的情况。

(7)测图过程中,若仪器出现断电或其他特殊情况导致仪器整平、对中状态出现改变,应重新进行仪器的定向、检核操作,否则会造成点位坐标错误,地形图"扭向"的现象。

6.3.2　任务实施——全站仪数字化测图实训

(1)全站仪测站设置

步骤描述:

①将脚架放置于测站点上,利用钢卷尺量取仪器高度并进行记录。

②建立文件,根据控制点成果表将测站三维坐标(X,Y,H)及点号、仪器高输入到全站仪当中;输入后视点二维坐标(X,Y),若无后视点二维坐标也可输入后视方向的方位角(即测站点与后视点连线的方位角)。

训练指导:

①量取仪器高时应量取控制点到望远镜中心斜距。一人将钢卷尺起点放置于点标志上边缘,另一人拉长卷尺将另一端对准竖直度盘刻线处读取长度。仪器高应精确至毫米位。

②建立文件时,若输入的文件名与仪器内存中已有文件重名,会将已有文件覆盖。建立的新文件最好以小组名称结合实验日期进行命名。

③输入测站点三维坐标时,部分全站仪用 N/E 表示 X/Y 坐标,输入时避免出现输反的情况。

④后视点通常不需输入高程，因为其确定的仅是方向。

（2）后视定向与测站检核

步骤描述：

①输入后视方向后，将望远镜照准后视点上设立的标志，并点"确认"按钮。

②退出后视定向菜单，进入碎部采集模式，照准检核点进行测量。将测量结果记录在碎部测量草图上，并将其与已知坐标求差，求得 X、Y、H 方向的差值，并最终推算检核点偏移量。

训练指导：

①后视方向设置的目标应尽量保持竖直状态。照准时为减小偏心误差导致的定向误差，因尽量照准目标底部，并用十字丝竖丝平分目标。

②后视点平面位置偏移量要求不大于图上 0.2mm，高程偏移量要求不大于 1/5 基本等高距。

③为避免在观测中定向发生偏移现象，应在作业中及作业完成后进行方向的检核。

（3）地物地貌特征点的采集

步骤描述：

①进入数据采集模式，输入初始点号、棱镜高。开始采集地物、地貌特征点。

②领图员指挥立尺员将棱镜放置于特征点上，通知测量员开始测量。需进行记录点号的特征点，领图员应及时在草图上进行标记。

训练指导：

①在观测时领图员应在特征点附近绘制草图，而不应与测量员待在一起。

②观测过程中，每测 10 个点左右，领图员应与测量员及时沟通核对点号，避免点号出现不一致的情况。

③测量员在照准棱镜时，应消除视差，用十字丝中心照准棱镜中心。否则会导致方位角及竖直角误差过大，导致测点精度降低。

（4）数据传输

步骤描述：

①用全站仪的数据传输线将全站仪与计算机连接好。

②应用全站仪数据通信模式中的发送数据将全站仪中的测量坐标数据发送到计算机中并保存。

训练指导：

①应仔细检查数据线与全站仪及计算机相应端口的连接。

②全站仪中的数据通信参数的设置内容有：协议、波特率、字符/校验、停止位。计算机中首先要选对仪器型号，保证联机状态，然后进行通信端口、波特率、校验、数据位、停止位的设置。

③以上各项设置正确后，将全站仪采集的坐标数据发送到计算机中，如数据格式与绘图软件要求的数据格式不符，可通过 Word 或 Excel 等进行格式转换。

（5）地形图的编绘

步骤描述：

①设置绘图比例尺，展野外测点点号。

②绘制地物平面图。

③展高程点,如地面高程起伏较大,需绘制等高线。

④图形整饰后填加图廓图名。

训练指导:

①编绘地形图时应仔细参照外业草图。

②查阅《大比例尺地形图机助制图规范》(GB 14912—1994)及绘图软件帮助文件。

学习单元 7　路 线 测 量

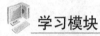

学习模块
学习模块 7.1　路线中线测量

学习模块 7.2　路线纵、横断面测量

实训任务
实训任务 7.3　路线测量

路线测量描述

　　路线是各种线性工程(包括道路工程、管道工程、输水与输电工程、通信线路工程等)几何线形的统称。从线形几何学的角度看,路线是一条连续的空间曲线,可以在水平投影面、纵断面和横断面上研究它的几何特征,相应的几何设计有路线平面设计、纵断面设计和横断面设计。路线测量的目的是为路线几何设计提供必要的数据和相关资料,与路线平、纵、横设计相对应的主要测量工作有路线中线测量、路线纵断面测量和路线横断面测量。

　　路线在水平面上的投影构成了路线的中线,通常它是由直线和曲线构成的。路线中线测量的主要任务是:通过直线和曲线的测设,用中线里程桩的形式把路线的平面位置测设到实地上。在路线中线的实地位置确定后,路线纵断面测量的主要任务是:测定沿线所有中线里程桩的地面高程,为绘制路线纵断面图及纵坡设计提供中线地面高程数据。而路线横断面测量的主要任务是:测量各中线里程桩垂直于中线方向的地面起伏情况,并按一定比例绘制横断面图,为路线横断面设计、土石方计算等提供基础资料。

　　在路线测量任务及目的明确的基础上,针对测量对象的几何特征,分析其必要的测量条件(仪器设备和路线控制模式),根据不同的测量条件,梳理出相应的测量方法。对于应用性的测量任务而言,其目的是相对固定的,而方法并不是一成不变的。因此,不能教条地学习和理解学习资源中有关的测量方法,应该用发展的眼光看待不同时期和不同条件下的测量方法,进一步透过测量方法的特殊性去深入理解其基本的测量原理。

　　鉴于公路路线测量基本上能够涵盖线性工程路线测量的主要内容,本学习单元将依据公路工程技术标准和相关规范讨论路线测量的方法。

学习模块 7.1　路线中线测量

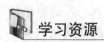

学习资源
(1)所用教材相关内容。

(2)教师推荐的学习资源。

(3)精品课程网络资源及有关学习课件。

(4)《道路勘测设计》教材中有关路线几何特征和几何设计的内容。

(5)《公路勘测规范》(JTG C10—2007)有关路线测量的技术要求。

(6)《公路工程技术标准》(JTG B01—2003)有关公路等级对应的技术指标。

学习要点

(1)路线中线测量的主要任务。

(2)路线中线的几何特征和线形特点。

(3)路线中线平面控制的基本模式。

(4)路线中线的传统测设方法。

(5)路线中桩逐桩坐标计算。

(6)路线中线的坐标放样方法。

7.1.1 路线中线的几何特征和线形特点

我国公路等级划分为高速公路、一级公路、二级公路、三级公路和四级公路,其中高速公路和一级公路通常称之为高等级公路,其他等级公路称之为一般公路。各级公路的设计速度是路线设计时确定其几何线形的基本依据,根据《公路工程技术标准》(JTG B01—2003)有关规定,各级公路的设计速度见表7-1。

各级公路设计速度 表7-1

公路等级	高速公路			一级公路			二级公路		三级公路		四级公路
设计速度(km/h)	120	100	80	100	80	60	80		60	40	30	20

公路路线中线由直线和平曲线(与纵断面的竖曲线区别)组成,如图7-1所示,平曲线主要有单圆曲线、带有缓和曲线的圆曲线、复曲线和回头曲线等几种类型。

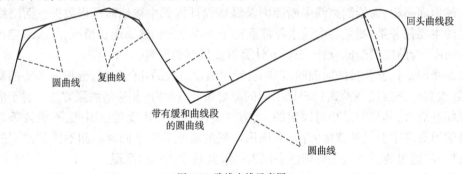

图7-1 路线中线示意图

在路线方向的转折处,需要用一段平曲线将前、后直线连接起来,实现路线方向的改变。平曲线应尽可能采用半径较大的圆曲线,当圆曲线半径足够大(大于相应公路等级规定的不设超高最小半径值)时,仅设单圆曲线就可满足行车要求。由于受地形条件限制及考虑造价等因素,经常会采用半径较小的圆曲线,当圆曲线半径小于相应公路等级规定的不设超高最小半径值时,为实现直线与圆曲线的平顺连接,需要在直线与圆曲线之间插入一段曲率半径由无穷大逐渐变化到圆曲线半径的缓和曲线。带有缓和曲线的圆曲线是公路平曲线的基本形式,其线形组合为直线—缓和曲线—圆曲线—缓和曲线—直线。复曲线和回头曲线大多用于特别受地形条件限制的三、四级公路。

由于设计速度及设计理念方面的不同,高等级公路与一般公路的线形特点有明显的区别。一般公路的设计行车速度较低,在满足行车安全的前提下,重点考虑工程的经济合理性。因此,一般公路的线性特点是:路线中线以直线为主,平曲线长度短且半径小;高等级公路的设计行车速度较高,对行车的安全性和舒适性提出了更高的要求,同时还要考虑与周边环境的协调。因此,高等级公路的线性特点是:路线中线以长大曲线为主,并配合短直线所组成的圆滑线形。

学习指导

(1)在学习资源中查阅路线平曲线的类型和几何特征。

(2)在学习资源中查阅我国及有关发达国家高速公路的线形特点。

7.1.2 路线平面控制的基本模式

按照测量工作的基本原则,基于路线中线的测量任务,首先应建立整条路线的平面控制,然后以控制点为依托,测设路线的中线里程桩。一条路线的平面控制是否合理而有效,主要看它是否与路线的线形特点和所使用的测量仪器设备相适应。下面仅以平面控制点的性质和分布位置为依据,结合路线的线形特点和所使用的测量仪器设备,分析讨论两种有代表性的路线平面控制模式。

(1)利用路线控制桩的平面控制模式

路线控制桩主要由一系列路线交点(用 JD_i 表示)和转点(用 ZD_i 表示)组成,这些控制桩决定了路线的平面位置和基本走向,在实地或地形图上确定它们的位置是路线平面设计首要的定线工作。在实地直接选定路线交点的现场定线方式,曾经在地形条件简单的一般公路勘测设计中经常采用,目前基本上都采用纸上定线方式,即:首先在地形图上反复比选后,确定路线各交点的纸上位置,然后根据地形图提供的定线数据,用一定的测量方法将路线各交点和转点测设到实地上。关于交点和转点的测设方法,在所有教材类学习资源中都有详细的介绍。

测设到实地上的所有路线交点构成了一条贯穿全线的路线导线,按照导线测量外业工作的作业思路,需要进行测角和测边,这就是有关教材类学习资源中介绍的"路线转角测定和里程桩设置"内容。至此,路线交点和转点实质上已具备了平面控制点的基本功能,只是在形式上没有采用坐标值表达方式。如果有必要的话,对路线导线起点和起始边分别提供一个起始坐标和起始方位角,按照导线测量内业计算方法,理论上完全可以计算出所有路线交点和转点的坐标值。

由以上描述可以看出,此模式是将平面控制与中线测设结合起来同步进行,由于路线控制桩与中线具有明确的几何关系,可利用路线控制桩的实地位置对中线里程桩进行相对定位。这种模式是在使用经纬仪和钢尺测设一般公路的长期实践中形成的。

我国是在 20 世纪 80 年代以后才开始大规模修建高等级公路,高等级公路的建设对公路勘测设计和施工提出了更高的要求。上述模式在控制点的位置分布、测设精度、测设方法等方面都无法满足高等级公路路线测量的要求。

(2)布设路线控制点的平面控制模式

沿路线走廊(包含路线中线的狭长地带)全线布设足够数量的路线控制点,按照规定的控制测量等级建立路线统一的平面控制系统。此模式不必在实地进行交点的测设,而是根据纸上定线数据及曲线要素推算出所有中线里程桩的坐标值,然后依托路线两侧布设的控制点用坐标放样的方法对中线里程桩进行绝对定位。这种模式定位精度高、控制点分布合理、测设灵活方便,适合使用全站仪或 GPS-RTK 技术进行路线中线测量。

讨论问题

(1)比较上述两种模式控制点的分布位置和精度。

(2)比较上述两种模式对中线里程桩的定位方式。

(3)讨论上述两种模式与路线线形特点的关系。

(4)讨论上述两种模式与测量仪器设备的关系。

7.1.3　路线中线的传统测设方法

路线中线的测设条件(路线平面控制模式和所使用的测量仪器设备)决定了相应的测设方法,路线中线的传统测设方法是指:在利用路线控制桩的平面控制模式下,依托实地已埋设稳定桩志的路线交点(JD_i)和转点(ZD_i),使用经纬仪和钢尺对路线直线段和曲线段的中线里程桩(简称中桩)进行测设的方法。鉴于目前生产单位普遍已具备以全站仪等先进仪器为主的测设手段,路线中线的测设方法也是在不断地发展和变化之中。虽然测设方法在变化,但传统测设方法中所涉及的几何线形组合及相应的计算公式仍是各种测设方法的基础,这也是学习路线中线传统测设方法的重点所在。

中桩通常采用$(1.5 \sim 2)\text{cm} \times 5\text{cm} \times 30\text{cm}$ 的板桩或竹桩,如图 7-2 所示。中桩不仅具体标定出路线中线的实地位置,而且通过书写在桩上的桩号表达了桩位距路线起点的里程,如某中桩距路线起点的里程为 7814.19m,则它的桩号应写为 K7 +814.19。

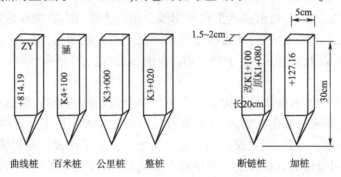

图 7-2　中线里程桩示意图

路线直线段的中桩测设比较简单,从路线起点开始,沿路线中线用钢尺连续丈量,边丈量边设桩,一直到 JD_1 后,接着进行曲线测设。

路线平曲线一般由圆曲线和缓和曲线组成,其基本线形组合为带有缓和曲线的圆曲线。使用经纬仪和钢尺测设曲线需要分两步进行:首先测设出曲线的主点(曲线与直线的相切点、不同曲线之间的连接点、曲线中点),然后以主点为依托,采用合适的方法详细测设曲线上需要加密的中桩。下面仅列出基本型平曲线(带有缓和曲线的圆曲线)的有关计算公式加以讨论。

(1)主点测设元素的计算公式

带有缓和曲线的圆曲线的线性组合为:直线—缓和曲线—圆曲线—缓和曲线—直线。如图 7-3 所示,曲线主点有:直缓点(ZH)、缓圆点(HY)、曲中点(QZ)、圆缓点(YH)、缓直点

（HZ）。计算时需要已知的参数有：圆曲线半径 R、缓和曲线长度 L_S、转角 α，根据已知参数推

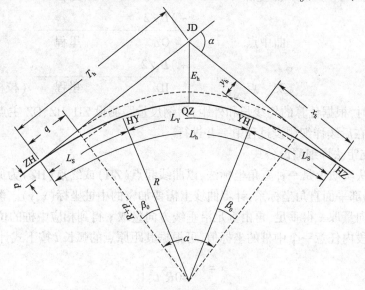

图 7-3　带有缓和曲线的圆曲线

导的测设元素计算公式如下：

内移值
$$p = \frac{L_S^2}{24R} \tag{7-1}$$

切线增长值
$$q = \frac{L_S}{2} - \frac{L_S^3}{240R^2} \tag{7-2}$$

切线角
$$\beta_0 = \frac{L_S}{2R} \times \frac{180^\circ}{\pi} \tag{7-3}$$

切线长
$$T_h = (R+p)\tan\frac{\alpha}{2} + q \tag{7-4}$$

圆曲线长
$$L_Y = \frac{\pi}{180^\circ}(\alpha - 2\beta_0)R = \frac{\pi}{180^\circ}\alpha R - L_S \tag{7-5}$$

曲线总长
$$L_h = L_Y + 2L_S = L + L_S \tag{7-6}$$

外距
$$E_h = (R+p)\sec\frac{\alpha}{2} - R \tag{7-7}$$

切曲差
$$D_h = 2T_h - L_h \tag{7-8}$$

曲线各主点的里程桩号，可根据已知的交点里程桩号按下列顺序依次推算：

交　点	JD	里程
	$-)\,T_h$	
直缓点	ZH	里程
	$+)\,L_S$	
缓圆点	HY	里程
	$+)\,L_Y$	
圆缓点	YH	里程
	$+)\,L_S$	

— 107 —

缓直点	HZ	里程	

$$-)\,L_{\mathrm{h}}/2$$

曲中点	QZ	里程	

$$+)\,D_{\mathrm{h}}/2$$

交　点	JD	里程	（校核）

主点测设时,根据计算的切线长和外距,用钢尺量距测设 ZH、HZ、QZ 主点桩,至于 HY、YH 主点桩,可在后续详细测设过程中一并进行。

（2）切线支距法详细测设公式

切线支距法实质上是一种直角坐标法,以曲线起点(ZH)或终点(HZ)为原点,切线方向为 x 轴,建立局部平面直角坐标系,计算曲线上需要加密的中桩坐标(x,y)。测设时,自坐标原点沿切线方向量取 x 得垂足,再由垂足沿垂线方向量取 y 得到相应中桩的位置。

缓和曲线段内任意一个中桩的坐标值,可根据其距原点的弧长 l 按下式计算:

$$\left.\begin{array}{l} x = l - \dfrac{l^5}{40R^2L_{\mathrm{S}}^2} \\[3mm] y = \dfrac{l^3}{6RL_{\mathrm{S}}} \end{array}\right\} \tag{7-9}$$

圆曲线段内任意一个中桩的坐标值,可按下式计算:

$$\left.\begin{array}{l} x = R\sin\varphi + q \\ y = R(1-\cos\varphi) + p \end{array}\right\} \tag{7-10}$$

上式中,$\varphi = \dfrac{l}{R} \times \dfrac{180°}{\pi} + \beta_0$,其中变量 l 为该中桩到 HY 或 YH 的圆曲线部分长度。

（3）偏角法详细测设公式

偏角法实质上是一种极坐标法。选择曲线上已经测设的一个中桩作为极点,以极点至曲线上待测点的偏角(弦切角)和弦长确定待测点的位置。如图 7-4 所示,选择缓和曲线的起点(ZH)为极点,以 ZH 至曲线上任意点 P 的偏角 Δ 和弦长 C 来确定 P 点的位置。测设时,将经纬仪安置在极点上并拨角 Δ,然后沿经纬仪视线量取 C 得到 P 点位置。

缓和曲线上的中桩,可根据其距极点的弧长 l 按下式计算偏角值 Δ:

$$\Delta = \frac{l^2}{6RL_{\mathrm{S}}} \times \frac{180°}{\pi} \tag{7-11}$$

在图 7-4 中,缓和曲线上任意点 P 的切线角 β,可按下式计算:

$$\beta = \frac{l^2}{2RL_{\mathrm{S}}} \times \frac{180°}{\pi} \tag{7-12}$$

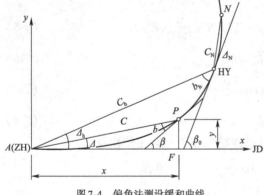

图7-4　偏角法测设缓和曲线

在图 7-4 中,利用式(7-9),可按下式求出对应的偏角 Δ 和弦长 C 值:

$$\Delta = \arctan \frac{y}{x} \tag{7-13}$$

$$C = \sqrt{x^2 + y^2} \tag{7-14}$$

圆曲线上的中桩,可根据其距极点(例如 HY 点)的弧长 l 按下式计算偏角值 Δ:

$$\Delta = \frac{l}{2R} \times \frac{180°}{\pi} \tag{7-15}$$

讨论问题

(1)当缓和曲线长 $L_S = 0$ 时,式(7-1)~式(7-10)简化后的含义。

(2)比较式(7-11)和式(7-12),讨论图 7-4 中各角度之间的关系。

(3)当平曲线是长大曲线或使用全站仪测设时,上述测设方法有何问题。

7.1.4 路线中线的坐标放样方法

路线中线的坐标放样方法是指:在布设路线控制点的平面控制模式下,首先根据纸上定线数据及曲线要素推算出路线所有中桩的坐标值,然后依托路线两侧合理布设的控制点,使用全站仪或 GPS-RTK 技术对路线中桩直接进行坐标放样的方法。

(1)路线平面控制测量

路线平面控制测量目前主要采用光电测距导线或布设 GPS 网的测量方式。使用全站仪的光电测距导线是路线平面控制测量的基本测量方式,而 GPS 测量方式目前在路线平面控制测量中的应用呈上升趋势,具体实施时,可选择单一的导线测量或 GPS 测量方式,也可选择两种方式的合理组合。公路工程平面控制测量的等级划分对应于传统控制测量的二等、三等、四等、一级、二级,其主要技术要求(包括测量等级选用、各级平均边长及边长中误差、各级控制桩规格及埋设要求、各级导线测量和 GPS 测量的技术指标等)按《公路勘测规范》(JTG C10—2007)有关规定执行。

按照测量工作的基本原则,路线平面控制测量应从路线全线整体考虑,由高级到低级采取分级控制,如果沿线国家三角点保存完好并能充分利用,也可以一次布设到位。例如:某高速公路路线平面控制测量的首级控制采用三等 GPS 测量,在此基础上,又采用全站仪一级导线加密控制点。由于路线的带状特性,布设 GPS 控制网时,应避免采用点连式的网形设计,应以不同时段观测的独立基线构成闭合环,闭合环之间边边相接,环环相推进。

选择路线平面控制测量坐标系时,应使测区内投影长度变形值控制在 2.5cm/km 以内。考虑到建立公路数据库及智能运输系统的需要,高等级公路的坐标系统应采用国家统一的高斯平面直角坐标系统,根据测区所处地理位置和平均高程,其坐标系可采用高斯正形投影 3°带平面直角坐标系或投影于抵偿高程面的高斯正形投影任意带平面直角坐标系。一般公路的坐标系应尽可能纳入国家统一的高斯平面直角坐标系统,困难情况下,也可采用假定坐标系。

路线平面控制测量的外业测量成果经平差计算后,应满足《公路勘测规范》(JTG C10—2007)规定的有关精度要求。对于路线平面控制测量的平差计算方法,高等级公路应采用严密平差法,一般公路可采用近似平差法。

(2)路线中桩逐桩坐标计算

根据路线各交点坐标值(通常在纸上定线后由地形图上量取)和各曲线要素值(平面设计确定的圆曲线半径 R、缓和曲线长度 L_S),逐一计算出路线所有中桩在路线平面直角坐标系中的坐标值。实际生产作业应采用计算机编程计算,并在设计文件中编制中桩逐桩坐标表。下面仅以某路线一条曲线的中桩坐标计算示例来说明其计算过程。

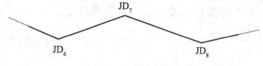

图 7-5　路线中线示意图

【例7-1】如图 7-5 所示,某高速公路 JD$_7$ 处拟设置带缓和曲线的圆曲线(圆曲线半径 1740m、缓和曲线长 220m),各交点在路线平面直角坐标系中的坐标值见表 7-2。

路线交点坐标　　　　　　表 7-2

交 点 号	交点桩号	$X(\text{m})$	$Y(\text{m})$
JD$_6$		571661.180	502335.360
JD$_7$	K1144 + 910.303	569953.212	502099.147
JD$_8$		568726.880	501210.091

①计算路线导线边坐标方位角 A(为区别于转角)、转角 α、交点间距 S。

$$\tan A_{67} = \frac{2099.147 - 2335.360}{69953.212 - 71661.180} \qquad A_{67} = 187°52'27''$$

$$\tan A_{78} = \frac{1210.091 - 2099.147}{68726.880 - 69953.212} \qquad A_{78} = 215°56'28''$$

$$\alpha = A_{78} - A_{67} = 28°04'01'' \qquad S_{67} = 1724.225\text{m} \qquad S_{78} = 1514.698\text{m}$$

②计算曲线主点元素和主点桩号。

$$P = \frac{L_S^2}{24R} = 1.159$$

$$q = \frac{L_S}{2} - \frac{L_S^3}{240R^2} = 109.985$$

$$T_h = (R + P)\tan\frac{\alpha}{2} + q = 545.186$$

$$E_h = (R + P)\sec\frac{\alpha}{2} - R = 54.724$$

$$L_h = R\alpha\frac{\pi}{180°} + L_S = 1072.357$$

$$L_Y = L_h - 2L_S = 632.357$$

$$D_h = 2T_h - L_h = 18.014$$

主点桩号 ZH = K1144 + 365.117;HY = K1144 + 585.117;QZ = K1144 + 901.296;

YH = K1145 + 217.474;HZ = K1145 + 437.474

③推算下一个交点桩号。

JD$_8$ 桩号 = JD$_7$ 桩号 + S_{78} - D_h

= K1144 + 910.303 + 1514.698 - 18.014

= K1146 + 406.987

④计算直线段中桩坐标(包括主点 ZH 和 HZ)。

由交点坐标按导线坐标计算方法推算直线段所有中桩坐标。由 JD$_7$ 坐标起算,沿路线导线可推算 JD$_6$ 与 JD$_7$ 之间、JD$_7$ 与 JD$_8$ 之间直线段所有中桩坐标(包括主点 ZH 和 HZ)。

主点 ZH 和 HZ 坐标计算:

$$X_{ZH} = X_7 + T_h\cos A_{76} = 570493.258$$

$$Y_{ZH} = Y_7 + T_h\sin A_{76} = 502173.836$$

$$X_{HZ} = X_7 + T_h \cos A_{78} = 569511.818$$

$$Y_{HZ} = Y_7 + T_h \sin A_{78} = 501779.149$$

直线段中桩坐标计算(仅以 K1145+500 为例说明计算方法):

$$X = X_{HZ} + (500 - 437.474)\cos A_{78} = 569461.196$$

$$Y = Y_{HZ} + (500 - 437.474)\sin A_{78} = 501742.449$$

曲线段包括第一缓和曲线、圆曲线和第二缓和曲线。其坐标计算的基本思路为:先按切线支距法坐标公式计算出中桩在局部坐标系中的坐标值(x,y),然后通过坐标旋转和平移将其变换为路线统一坐标系的坐标值(X,Y)。坐标变换公式为:

$$X = X_0 + x\cos A - y\sin A$$

$$Y = Y_0 + x\sin A + y\cos A$$

⑤第一缓和曲线段中桩坐标计算(以 K1144+500 为例,其 $l = 500 - 365.117 = 134.883$m)。

首先,计算 K1144+500 在局部坐标系(以 ZH 为原点)中的坐标值:

$$x = l - \frac{l^5}{40R^2 L_S^2} = 134.875$$

$$y = \frac{l^3}{6RL_S} = 1.068$$

然后,将上述 x、y 坐标变换为路线统一坐标系坐标值 X、Y:

$$X = X_{ZH} + x\cos A_{67} - y\sin A_{67} = 570359.800$$

$$Y = Y_{ZH} + x\sin A_{67} + y\cos A_{67} = 502154.300$$

⑥圆曲线段中桩坐标计算(以 K1145+100 为例,其 $l = 5100 - 4585.117 = 514.883$m)。

首先,计算 K1145+100 在局部坐标系(以 ZH 为原点)中的坐标值:

$$\varphi = \frac{l}{R} \cdot \frac{180°}{\pi} + \beta_0 = \frac{l + L_S/2}{R} \cdot \frac{180°}{\pi} = 20°34'36''$$

$$x = R\sin\varphi + q = 721.522$$

$$y = R(1 - \cos\varphi) + P = 112.165$$

然后,将上述 x、y 坐标变换为路线统一坐标系坐标值 X、Y:

$$X = X_{ZH} + x\cos A_{67} - y\sin A_{67} = 569793.904$$

$$Y = Y_{ZH} + x\sin A_{67} + y\cos A_{67} = 501963.882$$

⑦第二缓和曲线段中桩坐标计算(以 K1145+300 为例,其 $l = 437.474 - 300 = 137.474$m)。

首先,计算 K1145+300 在局部坐标系(以 HZ 为原点)中的坐标值:

$$x = l - \frac{l^5}{40R^2 L_S^2} = 137.466$$

$$y = \frac{l^3}{6RL_S} = -1.131 \quad (右转角时,y 取负值)$$

然后,将上述 x、y 坐标变换为路线统一坐标系坐标值 X、Y:

$$X = X_{HZ} + x\cos A_{87} - y\sin A_{87} = 569623.777$$

$$Y = Y_{HZ} + x\sin A_{87} + y\cos A_{87} = 501858.919$$

(3)用全站仪放样路线中桩

放样前,将路线控制点坐标和以桩号为标识的中桩逐桩坐标文件传输到全站仪的内存中,以便放样过程中随时调用。放样时,将全站仪安置在路线中线放样区间附近的控制点上,后视相邻控制点定向,启动全站仪坐标放样程序,使用单棱镜杆逐一对路线中桩进行放样。对相邻测站点均无法通视的局部中线地段,可在其附近通视范围内增设新的测站点进行补测。

用全站仪放样路线中桩有诸多优点:首先,作业方法简单灵活,可随时对路线范围内任意一个已知坐标的点位进行放样;其次是测设精度均匀可靠,放样点彼此相互独立,不存在累级误差。至于其他的优点,还可以站在不同的角度上加以分析总结。

(4)用 GPS-RTK 技术放样路线中桩

GPS-RTK 技术是 GPS 测量系统与数据传输系统的有机结合,它是一种对地面点进行现场实时定位的测量方法。GPS-RTK 测量系统由两台或两台以上接收机组成,其中一台当作基准站固定安置在观测条件较好的路线控制点上,其他几台当作流动站在路线上分头放样中桩。GPS-RTK 技术放样路线中桩前,应将路线中桩逐桩坐标传输到 GPS 电子手簿中,建立以中桩桩号为标识的放样文件,个别加桩可现场手工输入电子手簿中。放样时,将基准站安置在精度较高的路线首级控制点上,用流动站在测区范围内均匀选择几个路线控制点进行点校正,然后启动 RTK 系统的实时放样功能,可以很方便地利用流动站操作面板上的图形指示,用流动杆快速放样出路线中桩。

用 GPS-RTK 技术放样路线中桩,除具备上述用全站仪放样路线中桩的优点外,其最突出的优点是基准站数据链作用距离远且不需要通视。

 讨论问题

(1)比较路线平面控制测量中导线测量和 GPS 测量两种方式。

(2)比较全站仪放样路线中桩和 GPS-RTK 技术放样路线中桩两种方式。

自我测试

一、判断题(对的打"√",错的打"×")

1.中桩的桩号是表示该中桩至路线起点的水平距离。　　　　　　　　　　　　(　　)

2.切线支距法实质上是直角坐标法。　　　　　　　　　　　　　　　　　　(　　)

3.偏角法实质上是极坐标法。　　　　　　　　　　　　　　　　　　　　　(　　)

4.路线中线测量所设置的转点是为了传递高程。　　　　　　　　　　　　　(　　)

5.全站仪坐标放样时,仪器水平度盘0°方向与坐标子午线北方向重合。　　　(　　)

6.为了提高放样速度,可以预先将放样点坐标值输入全站仪内存中。　　　　(　　)

7.导线测量选点时,要尽量避免导线的转折角等于或接近180°。　　　　　　(　　)

8.圆曲线终点 YZ 的桩号等于其 JD 的桩号加切线长。　　　　　　　　　　(　　)

二、选择题

1.平曲线加桩间距(　　　)。

    A.与半径大小无关　　　　B.与半径大小有关　　　　C.与曲线长度有关

2.用经纬仪观测某交点的右角,若后视读数为200°00′00″,前视读数为0°00′00″,则外距方向应配制度盘读数为 (　　　)。

    A.280°　　　　　　　　　B.100°　　　　　　　　　C.80°

3.用切线支距法测设单圆曲线,坐标系的 x 轴方向为(　　　)。

    A.过 ZY 点的半径方向　　B.过 ZY 点指向交点方向　　C.过 ZY 点指向北方向

4.偏角法测设单圆曲线,经纬仪必须安置在(　　　)上。

A.主点 ZY 或 YZ 点　　　B.曲线交点　　　　　C.曲线上已测设的中桩点

　5.用全站仪放样路线中桩时,仪器应安置在(　　　)。

　　A.主点 ZY 或 YZ 点　　　B.曲线交点　　　　　C.路线控制点

学习模块 7.2　路线纵、横断面测量

学习资源

　(1)所用教材相关内容。

　(2)教师推荐的学习资源。

　(3)精品课程网络资源及有关学习课件。

　(4)《国家三、四等水准测量规范》(GB 12898—91)。

　(5)《公路勘测规范》(JTG C10—2007)有关路线测量的技术要求。

　(6)图书馆有关 GPS 高程测量方面的资料。

学习要点

　(1)路线纵断面测量的主要任务。

　(2)路线横断面测量的主要任务。

　(3)路线高程控制点的布设。

　(4)路线高程控制测量方法。

　(5)路线纵断面测量方法。

　(6)路线横断面测量方法。

7.2.1　路线高程控制测量的基本方法

　　路线纵断面测量的基本工作是测定路线全线所有中桩的地面高程。由于工作区间长达数十公里(甚至更长),路线中桩分布密集且数量庞大,为保证中桩地面高程的测量精度及日后施工阶段的高程放样精度,按照测量工作的基本原则,必须从路线全线整体考虑,首先建立符合精度要求和满足工程需要的路线高程控制系统,然后在此基础上进行后续的具体测量工作。

　　(1)路线高程控制点的布设

　　布设路线高程控制点主要考虑两个方面的问题:一是高程控制点的位置及等级;二是高程控制测量的测线形式及长度。

　　高程控制点的位置要满足使用方便和长期保存的测量工作需求。从使用方便的角度看,沿路线布设的高程控制点相邻点平均间距以 1km 为宜,横向距路线中线的距离不宜大于300m;从长期保存的角度看,高程控制点的位置不能设置在日后的施工范围内,应离开路线中线至少 50m 以上。另外,控制桩应埋设稳定可靠,其规格大小及埋设要求应符合《公路勘测规范》(JTG C10—2007)相应测量等级的具体规定。

　　在采用路线中线两侧布设平面控制点的模式下,高程控制点应与平面控制点合二为一,形成具有三维坐标的路线控制点,有利于使用全站仪或 GPS 技术进行三维路线测设。

　　路线高程控制点的测量等级划分为二等、三等、四等和五等,高等级公路高程控制测量

的等级选用不低于四等,一般公路高程控制测量的等级选用不低于五等。各等级高程控制测量的主要技术要求(包括每公里高差中数中误差、路线长度、闭合差限差、观测技术要求等)可查阅《公路勘测规范》(JTG C10—2007)。

高程控制测量的测线形式及长度与沿线国家级高程控制点的分布有关,因此,应搜集沿线可以利用的高级控制点,根据高级控制点的分布位置和数量,合理确定测量路线的形式及长度。路线高程控制测量的测线形式应尽可能采用附合测量路线,测线长度不得大于相应测量等级的具体规定。

(2)路线高程控制的测量方法

路线高程控制应采用水准测量或三角高程测量的方法进行。对于通行方便的平原微丘区,水准测量仍是路线高程控制的首选方法,而对于山岭重丘区或通行困难的水网地区,水准测量的作业效率太低,且精度也难以保证,应采用光电测距三角高程测量。与水准测量相比,光电测距三角高程测量每测站可测量较远的距离(许多规范容许放宽至600m),基本不受地形条件的限制,作业效率很高。

水准测量和光电测距三角高程测量方法的基本原理和操作步骤在相关的学习资源中已有详细介绍,作业过程的具体技术要求可按《公路勘测规范》(JTG C10—2007)中相应等级的规定执行。

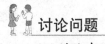 **讨论问题**

(1)讨论有关学习资源中介绍的基平测量与路线高程控制测量的关系。

(2)《公路勘测规范》(JTG C10—2007)为何没有推荐 GPS 高程测量方法?

7.2.2 纵断面测量方法

在路线高程控制测量的基础上,各高程控制点分别控制路线中线的一个局部区间,每个局部区间的中桩地面高程都可以由对应的高程控制点引测过来。纵断面测量方法就是使用水准仪或全站仪测量各局部区间中桩地面高程的方法。

(1)用水准仪测量中桩地面高程

用水准仪测量中桩地面高程是一般公路纵断面测量的传统方法,习惯上称之为中平测量。如图 7-6 所示,以相邻两高程控制点为一测段,从一个高程控制点(BM_1)出发,对测段范围内所有路线中桩逐个测量其地面高程,最后附合到下一个高程控制点上。

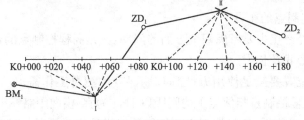

图 7-6　中平测量示意图

中平测量的闭合差容许值通常为 $\pm 50 \sqrt{L}$ mm(L 以 km 计),如果高差闭合差在容许范围内,即可推算中桩地面高程。

综观上述作业程序,中平测量依旧是前面学习单元中提到的按附合水准路线施测的普通水准测量方法,只是根据路线中桩密集且测量精度要求不高的特点,对每测站的观测程序和计算方式做必要的改进。

由图7-6可以看出,中平测量由转点(ZD)连续传递的测量主线仍然是典型的附合水准路线。每一测站在观测后视、前视读数完成后,再对测站覆盖范围内的中桩逐一立尺并读取相应的中视读数。中视读数不参与水准路线闭合差的计算,故中视读数读至cm即可,中平测量记录表格参见相关学习资源。

中平测量的高程计算采用有关学习资源中提到的视线高法,就是每一测站首先计算视线高程(后视点高程加后视读数),然后推算所有立尺点高程(视线高程减去立尺点读数)。如果将以上两步叠加起来,不难看出,还是水准测量原理中的高程推算式,只是计算次序上有所变化。这种高程计算方式适合于每一测站有多个立尺点的水准测量任务,如场地平整、高程放样等。

（2）用全站仪测量中桩地面高程

用全站仪测量中桩地面高程是全站仪单向三角高程测量的具体应用。全站仪安置在高程控制点上,量取仪器高,将单棱镜杆高度伸缩至与仪器高相同,启动全站仪的三角高程测量功能,使用单棱镜杆逐一测量测站控制范围内所有中桩的地面高程。

上述作业任务一般不应单独进行,如果路线中线测量时采用全站仪放样路线中桩的方式,在中桩位置标定后,随即可测出该中桩的地面高程。这种将中线测量与纵断面测量结合起来的测量方式,是目前使用全站仪进行路线测量的基本模式。

（3）点绘纵断面图的地面线

首先熟悉路线纵断面图的图面布置、比例设置,然后根据中桩的里程和高程在纵断面图上点出各中桩的点位,再用细折线连接相邻点,即为地面线。实际生产作业由路线设计软件绘制路线纵断面图。

讨论问题

（1）在用全站仪进行路线高程控制和中桩高程测量时,将其分别称之为基平测量和中平测量是否合适?

（2）讨论上述两种纵断面测量方法的适用条件。

7.2.3 路线横断面测量方法

路线横断面测量首先要确定中桩点的横断面方向,然后沿横断面方向测定中线两侧一定范围内地面变坡点或特征点相对于中桩点的距离和高差,并按一定的比例绘制横断面图。

如图7-7所示,横断面图通常按1∶100或1∶200的比例尺绘制,一张图纸可容纳若干个中桩的横断面图。横断面图的宽度取决于实地测量范围的大小,一般要求测量中线两侧各10~50m的范围。

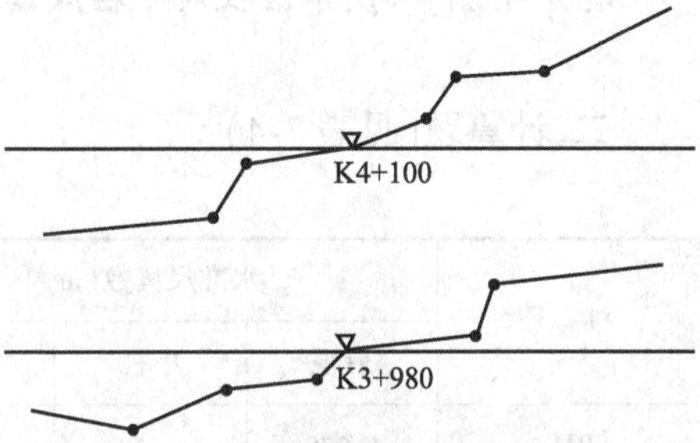

传统的手工绘制横断面图,首先在毫米方格纸上标出中桩位置,由中桩开始,分左右两侧按横断面测量数据将各测点逐一点绘于图纸上,连接相邻各点即得横断面地面线。由于中桩数量多,手工绘图工作量很大,目前已广泛采用专业软件绘制横断面图。

图7-7 横断面图

（1）确定横断面方向

横断面方向就是路线中桩点的法线方向。确定横断面方向的基本思路是:中桩点的横断面方向与其切线相垂直,切线又与弦线之间构成弦切角,在现场以该中桩与相邻中桩的弦线为依据,使用能够拨角的工具或仪器,就不难确定该中桩的法线方向。由于横断面方向的定向精度要求不高,在路线直线段一般用简单的木制十字方向架即可快速定向,在路线曲线段定向要复杂一些,且需要进行简单的角度计算,所使用的工具或仪器有方向盘、带有活动方向杆的求心方向架、经纬仪等。

在用全站仪放样路线中桩的情况下,可以顺便标定一些复杂断面的方向,先利用便携式计算机快速计算出横断面方向上任意一点的坐标,然后用与放样中桩同样的方法标定出该点的实地位置。

（2）横断面测量方法

横断面测量方法是指:使用某种工具或仪器测量横断面图绘制时所需距离和高差的方法。由于横断面测量的精度要求较低（见表7-3）,可供选择的工具或仪器有很多,如花杆横放可量距离,而花杆竖立又可测高差,用两根花杆在山区地形变坡点较多时进行测量,简单实用且效率很高。皮尺、钢尺是常用的量距工具,水准仪是专门测量高差的仪器,经纬仪视距测量可同时测量距离和高差,全站仪更是具有全面的测量功能。实际工作中,应根据上述工具或仪器的使用特性,结合实地地形条件,合理选择一种或两种组合的设备进行生产作业,至于叫什么方法并不重要,重要的是满足精度前提下的作业效率。

横断面检测互差限差　　　　　　　　　　　　　　　表 7-3

公 路 等 级	距 离（m）	高 差（m）
高速公路,一、二级公路	$\leq L/100 + 0.1$	$\leq h/100 + L/200 + 0.1$
三级及三级以下公路	$\leq L/50 + 0.1$	$\leq h/50 + L/100 + 0.1$

 讨论问题

（1）讨论表7-3中横断面检测互差限差,它与测量精度的关系。

（2）用全站仪对边测量功能进行横断面测量时,横断面方向如何确定?

 自我测试

一、判断题（对的打"√",错的打"×"）

1. 路线纵断面测量是测定路线中桩的地面高程。　　　　　　　　　　（　　）

2. 水准仪视线高一般是用钢卷尺量取仪器高得到的。　　　　　　　　（　　）

3. 中平测量的水准路线形式采用往返测水准路线。　　　　　　　　　（　　）

4. 中平测量时,水准仪对中桩点读数一般读至厘米即可。　　　　　　（　　）

二、计算题（见表7-4）

表 7-4

桩　号	水准尺读数（m）			视线高（m）	高程（m）	备　　注
	后视	中视	前视			
BM$_2$	1.950					BM$_2$的高程为950.544m
K6 + 000		0.75				

桩 号	水准尺读数(m)			视线高(m)	高程(m)	备 注
	后视	中视	前视			
+020		0.95				
+040		2.84				
+060		3.80				
+080		4.71				
+100		4.61				
ZY K6 +120.44		4.66				
+140		2.04				
QZ K6 +152.50		3.04				
+160		4.09				
+180		4.00				
YZ K6 +184.56		4.89				
+200		4.52				
ZD1	0.457		4.817			
+235		3.01				
+240		4.59				
ZD2	2.136		3.93			
+260		3.27				
+280		2.84				
+300		3.79				
+320		3.34				

实训任务 7.3 路 线 测 量

实训内容

根据一段路线的定线数据,完成路线中桩逐桩坐标计算;用全站仪坐标放样的方法进行实地放线,同时测量中桩的地面高程;用全站仪对边测量功能进行横断面测量。

实训条件

(1)以小组为单位借领全站仪 1 台、单棱镜杆 1 支、求心方向架 1 支。

(2)实训场地分布有能够满足实训要求的具有三维坐标的控制点。

(3)已完成实训场地某一段路线的中桩坐标计算。

实训程序

（1）提供定线数据：根据实训场地的条件，由指导教师提供一段路线的定线数据（路线各交点坐标值、各平曲线要素），供各实训小组选用。

（2）计算放线数据：以实训小组为单位，在实训前完成本组所属路段（应包含一个平曲线）中桩逐桩坐标计算。

（3）实地放线：将全站仪安置在路线附近的控制点上建站，按坐标放样方法标定路线中桩的实地位置，同时测量中桩的地面高程。

（4）横断面测量：用全站仪对边测量功能对部分中桩进行横断面测量。

实训目标

掌握用全站仪进行路线中线测量、纵断面测量和横断面测量的方法。

7.3.1 教学说明——路线测量实训

（1）本次实训模拟路线两侧布设三维控制点的测设条件，用全站仪进行路线中线测量、纵断面测量和横断面测量。

（2）本次实训一般在校园内分组实施，为测量课间实训布设的校园控制网能够满足不同实训任务对控制点分布位置和密度的要求，各实训小组可向指导教师索取或在教学资源网下载校园控制点分布图及控制点三维坐标成果表。

（3）本次实训由指导教师提供一段路线的定线数据（路线各交点坐标值、各平曲线要素）。考虑到校园实训场地的特点，路线交点的坐标系统应与校园控制网坐标系统一致，平曲线按带有缓和曲线的圆曲线提供曲线要素，同向平曲线之间的直线长度可不受路线设计规范限制。视校园场地具体情况，每个实训小组对应一个路线交点或两个实训小组对应一个路线交点，各实训小组以路线里程桩号划分段落并相互衔接。各实训小组使用的定线数据填于表7-7中。

（4）用全站仪进行路线实地放线时，必须计算出路线中桩的坐标值。如果路线全线已建立统一的坐标系统（路线沿线已分布有足够数量的控制点），那么所计算的中桩坐标就必须是路线统一坐标系中的坐标值。

（5）由于路线全线中桩数量太多，实际工作都采用计算机编程计算。但在学习阶段，需要熟悉中桩坐标的计算过程及其计算方法，本次实训要求小组成员使用计算器分工参与计算，计算过程可参照【例7-1】步骤和方法进行。中桩坐标计算的基本思路为：直线段中桩可按导线测量坐标计算的方法进行；曲线段的中桩分两步进行，先按切线支距法坐标公式计算出中桩在局部坐标系中的坐标值(x,y)，然后通过坐标旋转和平移将其变换为路线统一坐标系的坐标值(X,Y)。

（6）路线中桩间距不大于表7-5的规定；中桩平面桩位精度应符合表7-6的规定。

路线中桩间距 表7-5

直　线（m）		平　曲　线（m）			
平原微丘区	山岭重丘区	不设超高的曲线	$R>60$	$60 \geqslant R \geqslant 30$	$R<30$
≤50	≤25	25	20	10	5

中桩平面桩位精度 表 7-6

公 路 等 级	中桩位置中误差(cm)		桩位检测之差(cm)	
	平原微丘区	山岭重丘区	平原微丘区	山岭重丘区
高速公路,一、二级公路	≤ ±5	≤ ±10	<10	<20
三、四级公路	≤ ±10	≤ ±15	<20	<30

7.3.2　任务实施——路线测量实训

(1)计算放样数据

步骤描述:

以实训小组为单位,根据表 7-7 提供的定线数据在实训前完成本组所属路段(应包含一个平曲线)中桩逐桩坐标计算,计算结果填于表 7-8 中。

路线交点坐标和平曲线要素表 表 7-7

交 点 号	交点桩号	X(m)	Y(m)	R(m)	L_S(m)

路线中桩逐桩坐标计算表 表 7-8

中桩桩号	X(m)	Y(m)	中桩桩号	X(m)	Y(m)

训练指导:

为使小组成员掌握中桩坐标计算方法,要求小组成员使用计算器分工参与计算,计算过程可参照【例 7-1】步骤和方法进行。

(2)全站仪建站

步骤描述:

①根据校园控制点的分布图和成果表,在本组所属路线段落附近选择两个控制点作为测站点和定向点,并抄录相应的三维坐标值备用。

②将全站仪安置在测站点上,设置相关参数。

③输入测站点坐标值,后视另一个控制点,输入其坐标值定向。

④将中桩逐桩坐标值(见表 7-8)以桩号为标识输入全站仪内存。

训练指导:

①测站点靠近放样点、定向点远离测站点有利于提高放样精度。

②如果提前将所有中桩坐标值及控制点坐标值输入全站仪内存,在放样过程中只需输入点号即可调用相应的坐标值。这种方式对需要重复放样的中线更加方便。

(3)全站仪放样中桩并测量高程

步骤描述：

①全站仪建站完成后，启动坐标放样程序，输入放样点坐标值。

②根据仪器显示的水平方向差值，转动仪器设定放样点方向，并沿此方向立单棱镜杆测距，根据仪器显示的水平距离差值，前后移动单棱镜杆，不断测距并修正方向。

③当仪器显示的水平方向差值和水平距离差值均在容许范围之内，即可标定桩位。

④用全站仪三角高程测量方法测量中桩地面高程，测量数据记录于表7-9中。

纵断面测量记录表　　　　　　　　　　表7-9

桩号									
高程									

训练指导：

①用单棱镜杆标定桩位是一个由粗到细、逐渐趋近的协同作业过程，具体实施时，应体会单棱镜杆在左右方向及前后距离上逐渐趋近的移动过程。为加快定位速度，在最后精确定位之前，应一直采取移动棱镜与转动仪器相结合的操作方式，避免一开始就精确设定好仪器方向不动而只移动棱镜。

②仪器显示的水平方向差值和水平距离差值的容许范围没有明确的规范要求，应根据放样点的精度要求和放样距离的远近由仪器操作人员掌握。

③校园内实训可用测钎代替桩位，硬地上可用粉笔标定桩位并书写桩号。

（4）全站仪测量中桩横断面

步骤描述：

①用求心方向架确定中桩的横断面方向，或用全站仪放样出横断面方向上一个点确定横断面方向。

②启动全站仪的对边测量程序，用单棱镜杆沿横断面方向测量各变坡点相对于中桩的水平距离和高差，测量数据记录于表7-10中。

横断面测量记录表　　　　　　　　　　表7-10

左　侧	桩　号	右　侧

③按1∶200的比例绘制横断面图地面线。

训练指导：

①如果实训时间不足，可以只选择测量一个中桩的横断面。

②用全站仪放样出横断面方向上一个点确定横断面方向，需要提前计算出横断面方向上距中桩一定距离的点位坐标。

学习单元 8　桥隧施工测量

学习模块

学习模块 8.1　桥梁施工测量
学习模块 8.2　隧道施工测量

桥隧施工测量描述

　　桥梁是供铁路、公路、行人跨越河流、山谷或其他交通线路等各种障碍物时所使用的承载结构物,通常可划分为上部结构(梁、板)和下部结构(桥墩、桥台及其基础)。桥梁施工测量的基本任务是根据设计文件,按照规定的精度,将图纸上设计的桥梁墩台位置标定于地面,据此指导施工,确保建成的桥梁在平面位置、高程位置和外形尺寸等方面均符合设计要求。而隧道则是线路工程穿越山体等障碍物的通道,或是为地下工程施工所做的地面与地下联系的通道,由洞身衬砌和洞门两个部分组成其主体建筑。隧道施工测量的任务是保证隧道各个施工洞口相向开挖能够正确贯通,并使各项建筑按照设计位置和尺寸修建,不得侵入界限。其中保证隧道横向贯通精度是隧道施工测量的关键。

　　桥梁按其跨径长度一般分为特大型桥、大型桥、中型桥、小型桥和涵洞五类。桥梁施工测量的方法及精度要求随桥梁轴线长度、桥梁结构而定,主要工作内容有:桥梁施工控制网建立,墩、台及其基础的定位测量,支座垫石施工放样和支座安装,桥跨结构的施工测量和桥面系的测量。隧道按照其长度划分为特长隧道、长隧道、中隧道和短隧道四类,其施工测量包括地面及地下控制测量、洞内外联系测量、施工中线测量、洞内水准测量及断面测量。

　　因为桥梁的上部构造形式和施工工艺的不同,其施工测量的具体内容及方法也各异,对于隧道也存在同样的问题。本单元的主要学习内容是桥梁、隧道施工控制网建立的基本思路;桥梁墩、台施工测量和涵洞施工测量的一般方法;隧道洞内外联系测量;洞内导线与中线测量;洞内水准测量和隧道贯通误差分析。

学习模块 8.1　桥梁施工测量

学习资源

　　(1)所用教材相关内容。
　　(2)教师推荐的学习资源。
　　(3)精品课程网络资源及有关学习课件。
　　(4)《公路勘测规范》(JTG C10—2007)。
　　(5)《公路桥涵施工技术规范》(JTJ 041—2000)有关路线测量的技术要求。
　　(6)图书馆有关桥梁施工测量方面的资料。

(1)桥梁施工控制网建立。

(2)桥梁墩、台施工测量。

(3)涵洞施工测量。

8.1.1　桥梁施工平面控制网的建立

桥位平面控制测量的主要目的是测定桥轴线长度并据此进行墩、台的放样。对于跨越无水河道的直线小桥,桥轴线长度可以直接测定,墩、台位置也可直接利用桥轴线的两个控制点测设,无需建立平面控制网。除此之外,对于各种有着不同跨径、基础类型、墩台和梁部结构的桥梁,都需要建立不同等级的施工平面控制网。

根据桥梁的大小、精度要求和地形条件,桥梁施工平面控制网的布设形式有双三角形、大地四边形、双大地四边形和加强型大地四边形等。如图 8-1 所示。

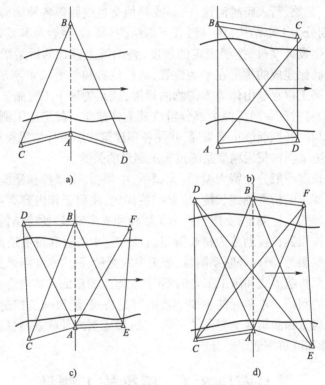

图 8-1　桥梁施工平面控制网的布设形式

a)双三角形;b)大地四边形;c)双大地四边形;d)加强型大地四边形

控制网在满足桥轴线长度测定和墩台中心定位精度的前提下,应力求图形简单并具有足够的强度,网中所有角度应在 30°～120°之间。对于控制点的要求,除了图形强度外,还要求选在便于施工控制及永久保存的地方,便于交会墩位,其交会角不致太大或太小,并尽可能使桥的轴线作为控制网的一个边,以利于提高桥轴线的精度。桥轴线应作为控制网的一条边,并与基线一端相连且尽量正交。基线一般不少于两条,最好分布于河两岸,长度不小于桥轴线长度的 0.7 倍,困难地段不小于 0.5 倍。

控制网可采用测角网、测边网或边角网。测角网有利于控制方向误差,测边网有利于控制长度误差,而边角网则是边长和角度都测,在边、角精度互相匹配的条件下,可兼具测角网和测边网的优点,精度较高。目前,GPS 测量技术也在建立桥梁平面控制网的工作中得到了广泛应用。

控制网的精度等级、技术要求以及具体的观测技术、测量精度均应满足相关规范和技术标准的要求。需要说明的是:

①由于桥梁控制网一般都是独立的,没有坐标及方向的约束条件,所以平差时都按自由网处理。其采用的坐标系,一般是以桥轴线作为 X 轴,而桥轴线始端控制点的里程作为该点的 X 值。这样,桥梁墩台的设计里程即为该点的 X 坐标值,可以便于以后施工放样的数据计算。

②在施工时如因机具、材料等遮挡视线,无法利用主网的点进行施工放样时,可以根据主网两个以上的点将控制点加密。加密点称为插点。插点的观测方法与主网相同,但在平差计算时,主网上点的坐标不得变更。

思考问题

(1)为什么桥轴线应尽量作为控制网的一条边?

(2)控制网的精度等级与桥梁长度有何对应关系?

8.1.2 桥梁施工高程控制测量

桥位的高程控制测量,一般采用水准测量方法。

(1)水准点布设要求

桥梁施工高程控制测量每岸至少埋设 3 个高程控制点,水准点应与相邻的线路水准点联测,以保证桥梁与相邻线路在高程位置上的正确衔接。各水准点应沿桥轴线两侧以 400m 左右的间距均匀布设,并构成连续水准环。水准测量的等级、精度、限差应符合相应的规定。为了便于施工放样,可根据实际需要在施工地点附近设立若干个施工水准点,施工水准点的高程必须定期检测。

(2)水准测量注意事项

当水准路线通过宽度为各等级水准测量的标准视线长度 2 倍以下的江河、山谷时,可用一般观测方法进行,但在测站上应变换仪器高度观测两次,两次高差之差应符合规范的规定。

当视线长度超过各级水准测量标准视线长度 2 倍以上时,应根据水准测量等级、视线长度,选择按直接读数法、光学测微法、倾斜螺旋法、光电测距三角高程法等观测。

视线长度超过 3500m 时,采用的方法和要求应根据测区条件进行专题设计。

跨河水准观测的测回数和组数应满足规范的规定。当路线跨越水面宽度在 150m 以上的河流、海湾、湖泊时,两岸水准点的高程应采用跨河水准测量的方法建立。跨河水准跨越的宽度大于 500m 时,必须参照《国家三、四等水准测量规范》(GB/T 12898—2009),采用精密水准仪观测。

学习指导

(1)在学习资源中查阅跨河水准测量的方法。

(2)在学习资源中查阅光电测距三角高程代替三、四等水准测量的技术要求。

8.1.3 桥梁墩、台施工测量

桥梁墩、台的施工测量从内容上可分为墩、台定位,轴线测设,墩、台基础的细部放样。

(1)墩、台定位

桥梁墩、台定位测量即测设墩、台的中心位置,是桥梁施工测量中的关键工作。主要方法有:直接丈量法、交会法和极坐标法。

直接丈量可采用钢尺精密量距或电磁波测距的方法,较为简单。如果桥墩所在位置的河水较深,无法直接丈量,也不便于采用电磁波测距仪时,可采用角度交会法测设墩位。

如图 8-2 所示,AB 为桥轴线,C、D 为桥梁平面控制网中的控制点,P_i 点为第 i 个桥墩设计的中心位置(待测设的点)。

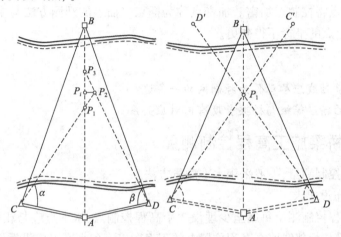

图 8-2　墩台交会法测设

在 C、A、D 三点上各安置一台 DJ$_2$ 或 DJ$_1$ 经纬仪,A 点上的经纬仪照准 B 点,定出桥轴线方向;C、D 两点上的经纬仪均先照准 A 点,并分别根据 P_i 点的设计坐标和控制点坐标计算出控制点上的应测设角度,定出交会方向线。

由于测量误差的存在,从 C、A、D 三点指来的三条方向线一般不会正好交会于一点,而是形成误差三角形 $P_1P_2P_3$。如果误差三角形在桥轴线上的边长 P_1P_3 对于墩底定位不超过25mm,对于墩顶定位不超过 15mm,则从 P_2 向 AB 作垂线 P_2P_i,P_i 即为桥墩中心。

在桥墩施工中,随着桥墩的逐渐筑高,桥墩中心的放样工作需要重复进行,而且要迅速和准确。为此,在第一次求得正确的桥墩中心位置 P_i 后,将 CP_i 和 DP_i 方向线延长到对岸,设立固定的照准标志 C'、D',如图 8-2 所示。以后每次作方向交会法放样时,从 C、D 点直接照准 C'、D'点,即可恢复对 P_i 点的交会方向。

实践表明,交会精度与交会角 CP_iD 有关,当交会角在 60°～120°时,测量精度较高。故在选择基线和布网时应考虑使交会角在 60°～120°,在特殊情况下也应不小于 30°且不大于150°,超出这个范围时可以用加设交会用的控制点或设置辅助点的办法解决。

由于全站仪的使用,使极坐标法放样桥墩中心位置这种简便、迅速的方法在实际工程中得到了广泛的应用。为保证测设点位准确,在测设之前,测量人员应详细研读图纸,对设计数据进行校核计算和测设精度估算,计算出施工放样所需的数据后,即可将仪器安置于任意控制点上进行放样,必要时应采用换站法校核。

（2）墩、台纵横轴线测设

为了进行墩、台施工的细部放样，在墩台定位之后，还需要放样其纵横轴线。纵轴线是指通过墩、台中心平行于线路方向的轴线。在直线桥上，墩、台的纵轴线是指过墩、台中心平行于线路方向的轴线；在曲线桥上，墩、台的纵轴线则为墩、台中心处曲线的切线方向的轴线。墩、台的横轴线是指过墩、台中心与其纵轴垂直（斜交桥则为与其纵轴垂直方向成斜交角度）的轴线。

直线桥墩、台的纵轴线与线路的中线方向重合，在墩、台中心架设仪器，自线路中线放样90°角，即为横轴线方向。曲线桥的墩、台轴线位于桥梁偏角的分角线上，在墩台中心架设仪器，照准相邻的墩台中心，测设 $\alpha/2$ 角，即为纵轴线方向。自纵轴线方向测设90°角，即为横轴线方向。

墩、台中心的定位桩在基础施工中要被挖掉，因而需要在施工范围以外钉设护桩，以方便恢复墩、台中心位置。所谓护桩就是在墩、台的纵横轴线两侧，每侧至少要钉2个控制桩，用于恢复轴线的方向，为防止破坏也可以多设几个。

（3）墩、台基础及细部施工放样

桥梁墩、台基础常用明挖基础和桩基础。明挖基础是在墩、台位置处先挖基坑，将坑底整平以后，在坑内砌筑或灌注基础及墩、台身。当基础及墩、台身修出地面后，再用土回填基坑。

在进行基坑放样时，根据墩、台纵横轴线及基坑的长度和宽度测设出它的边线。如果开挖基坑时，坑壁要求具有一定的坡度，尚应测设基坑的开挖边界线。测设边坡界线时，应根据坑底与地表的高差及坑壁坡度计算出它至坑边的距离，如图8-3所示。在设置边坡桩时，所用的方法与路基边坡的放样相同，可以根据试探法求，也可以用测出的断面通过图解法求。在地面上钉设出边坡桩后，根据边坡桩撒出灰线，依灰线可进行基坑开挖。

当基坑开挖到设计高程以后，应将坑底整平，必要时还应夯实，然后安装模板。进行基础及墩、台身的模板放样时，可将经纬仪安置在轴线上较远的一个护桩上，以另一个护桩定向，这时经纬仪的视线即为轴线方向。安装模板时，使模板中心线与视线重合即可。当模板的位置在地平面以下时，也可以用经纬仪在基础的两边临时设放两个点，根据这两点，用线绳及垂球来指挥模板的安装工作。

桩基础也是桥梁墩、台基础常用的一种形式，其测量工作主要有：测设桩基础的纵横轴线，测设各桩的中心位置，测定桩的倾斜度和深度，以及承台模板的放样等。

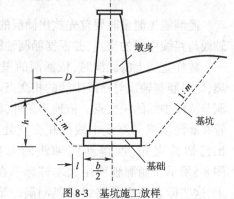

图8-3　基坑施工放样

桩基础纵横轴线可按前面所述的方法测设。各桩中心位置的放样是以基础的纵横轴线为坐标轴，用支距法测设。如果全桥采用统一的大地坐标系计算出每个桩中心的大地坐标，则使用电磁波测距仪，在桥位控制桩上安置仪器，按直角坐标法或极坐标法放样出每个桩的中心位置，如图8-4所示。在桩基础灌注完以后，修筑承台以前，对每个桩的中心位置应再进行测定，作为竣工资料。

每个钻孔桩或挖孔桩的深度用不小于4kg的重锤及测绳测定，打入桩的打入深度则根据桩的长度推算。在钻孔过程中测定钻孔导杆的倾斜度，用以测定孔的倾斜度，并利用钻机

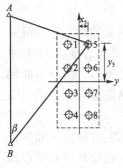

图 8-4　桩基础测设

上的调整设备进行校正,使孔的倾斜度不超过施工规范要求。桩基础的承台模板的放样方法与明挖基础相同。

墩、台身的细部放样,是以其纵横轴线为依据的。如果墩、台身是用浆砌圬工,则在砌筑每一层时,都要根据纵横轴线来控制它的位置和尺寸。如果是用混凝土灌注,则需在基础顶面和每一节顶面上测出墩、台的中心及其纵横轴线作为下一节立模的依据。立模时,在模板的外面需预先画出它的中心线,然后在纵横轴线的护桩上架设经纬仪,照准该轴线方向上的另一护桩,根据这一方向校正模板的位置,直至模板中线位于视线的方向上。当墩、台身砌筑完毕时,测定出墩、台中心及纵横轴线,以便安装墩、台帽的模板,安装锚栓孔,安装钢筋。模板立好后应再一次进行复核,以确保墩、台帽中心、锚栓孔位置等符合设计要求,并在模板上标出墩、台帽顶面高程,以便灌注。

支承垫石是墩、台帽上的高出部分,供支承梁端之用。支承垫石的放样是根据设计图纸所给出的数据,根据纵横轴线放出。在灌注垫石时,应使混凝土面略低于设计高程 $1 \sim 2cm$,以便用砂浆抹平到设计高程。

墩、台施工时各部分的高程,是通过布设在附近的施工水准点将高程传递到墩、台身或围堰上的临时水准点,然后由临时水准点用钢尺向下或向上量取所需的距离。但墩、台帽的顶面及垫石的高程等则须用水准仪测设。

讨论问题

(1)护桩的设置位置与作用。

(2)为什么墩、台帽的顶面及垫石的高程必须用水准仪测设?

8.1.4　涵洞施工测量

涵洞施工测量时要首先放出涵洞的轴线位置,即根据设计图纸上涵洞的里程,放出涵洞轴线与路线中线的交点,并根据涵洞轴线与路线中线的夹角,放出涵洞的轴线方向。

放样直线上的涵洞时,依涵洞的里程,自附近测设的里程桩沿路线方向量出相应的距离,即得涵洞轴线与路线中线的相交点。若涵洞位于曲线上,则采用曲线测设的方法定出涵洞与路线中线的相交点。依地形条件,涵洞轴线与路线有正交的,也有斜交的。将经纬仪安置在涵洞轴线与路线中线的相交点处,测设出已知的夹角,即得涵洞轴线的方向,如图 8-5 所示。涵洞轴线用大木桩标志在地面上,这些标志桩应在路线两侧涵洞的施工范围以外,且每侧两个。从涵洞中心桩位沿涵洞轴线方向量出上下游的涵长,即得涵洞口的位置,涵洞口要用小木桩标志出来。

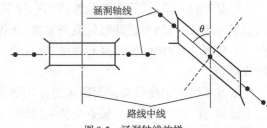

图 8-5　涵洞轴线放样

涵洞基础及基坑的边线根据涵洞的轴线测设,在基础轮廓线的转折处都要钉设木桩。为了开挖基础,还要根据开挖深度及土质情况定出基坑的开挖界线,即所谓的边坡线。在开挖基坑时很多桩都要挖掉,所以通常都在离基础边坡线 $1 \sim 1.5m$ 处设立龙门板,然后将基础及基坑的边线用线绳及垂球投放在龙门板上,并用小钉加以标志。当基坑挖好后,再根据龙门板上的标志将基础边线投放到坑底,作为砌筑基础的依据。

在基础砌筑完毕,安装管节或砌筑墩台身及端墙时,各个细部的放样仍以涵洞的轴线作为放样的依据,即自轴线及其与路线中线的交点,量出各有关的尺寸。

涵洞细部的高程放样,一般是利用附近的水准点用水准仪测设。

 思考问题

(1)涵长计算时考虑的因素有哪些?

(2)使用全站仪坐标放样方法如何进行涵洞施工测量?

自我测试

一、判断题(对的打"√",错的打"×")

1.桥位控制测量中尽可能使桥的轴线作为控制网的一个边。　　　　(　)

2.跨河水准测量视线长度超过 3500m 时,应根据测区条件进行专题设计。(　)

3.墩、台帽的顶面及垫石的高程等须用水准仪测设。　　　　　　(　)

4.墩、台的纵横轴线两侧,每侧至少要钉 2 个控制桩。　　　　(　)

5.桥梁控制网一般都是独立的,以桥轴线作为 Y 轴。　　　　(　)

二、选择题

1.桥梁施工平面控制网常用的布设形式有(　)。

 A. 双三角形　　　　　　　　　　B. 大地四边形

 C. 双大地四边形　　　　　　　　D. 加强型大地四边形

2.桥梁施工高程控制测量每岸至少埋设(　)个高程控制点。

 A.1　　　　　　B.2　　　　　　C.3　　　　　　D.4

3.桥梁墩、台定位测量的主要方法有(　)。

 A. 直接丈量法　　　B. 交会法　　　　C. 极坐标法　　　D. 投射法

学习模块 8.2　隧道施工测量

 学习资源

(1)所用教材相关内容。

(2)教师推荐的学习资源。

(3)精品课程网络资源及有关学习课件。

(4)《公路勘测规范》(JTG C10—2007)。

(5)《公路隧道施工技术规范》(JTG/F 60—2009)。

(6)图书馆有关隧道施工测量方面的资料。

学习要点

(1)隧道施工控制网建立的基本思路。

(2)隧道洞内外联系测量。

(3)洞内导线与中线测量。

(4)洞内水准测量。

(5)隧道贯通误差分析。

8.2.1 隧道施工控制网建立

隧道施工测量首先要建立洞外平面和高程控制网。平面控制测量的主要任务是测定各洞口控制点的平面位置,以便根据洞口控制点将设计方向导向地下,使地面和地下在同一控制系统内,从而保证隧道的准确贯通。通常,平面控制测量有以下几种方法。

(1)直接定线法

直接定线法就是把隧道的中线方向在洞顶地面上用控制桩标定出来,作为隧道施工引测进洞的依据。对于长度较短且洞顶地形平坦的直线隧道,可以采用直接定线法,但要注意延伸直线的检核。

(2)导线测量法

导线法比较灵活、方便,对地形的适应性好。目前在全站仪已经普及的情况下,导线法是隧道洞外控制形式的良好方案之一。

精密导线应组成多边形闭合环。它可以是独立闭合导线,也可以与国家三角点相连。导线水平角的观测,应以总测回数的奇数测回和偶数测回,分别观测导线前进方向的左角和右角,以检查错误;将它们换算为左角或右角后再取平均值,以提高测角精度。为了增加检核条件和提高测角精度评定的可行性与可靠性,导线环的个数不宜太少,最少不应少于4个;每个环的边数不宜太多,一般以4~6条边为宜。

在进行导线边长丈量时,应尽量接近于测距的最佳测程,边长不应短于300m;导线尽量以直伸形式布设,减少转折角的个数,以减少量边误差和测角误差对隧道横向贯通误差的影响。

(3)三角网法

对于隧道较长、地形复杂的山岭地区或城市的地下隧道,地面平面控制网一般布设成线形三角锁形式。测定三角锁的全部角度和若干条边长,或测定全部边长成为边角锁。三角锁的点位精度比导线高,一般长隧道测角精度为±1.2″,起始边精度要达到1/300000。用三角锁作为控制网,最好将三角锁设成直伸形,并且用单三角构成,使图形尽量简单。这使边长误差对贯通的横向误差影响大为削弱。

(4)GPS法

采用GPS定位技术建立隧道地面平面控制网已普遍应用,它只需在洞口布点。对于直线隧道,洞口点应选在隧道中线上。另外,再在洞口附近布设至少2个定向点,并要求洞口点与定向点通视,以便于全站仪观测,而定向点间不要求通视。对于曲线隧道,除洞口点外,还应把曲线上的主要控制点(如曲线的起、终点)包括在网中。GPS选点和埋石与常规方法相同,但应注意使所选点位的周围环境适宜GPS接收机测量。

高程控制测量的任务是按规定的精度施测隧道洞口(包括隧道的进出口、竖井口、斜井口和平峒口)附近水准点的高程,作为高程引测进洞的依据。高程控制通常采用三、四等水准测量的方法施测。当山势陡峻采用水准测量困难时,亦可采用光电测距仪三角高程的方法测定各洞口高程。

水准测量应选择连接洞口最平坦和最短的线路,以期达到设站少、观测快、精度高的要求。每一洞口埋设的水准点应不少于2个,且以安置一次水准仪即可联测为宜。两端洞口之间的距离大于1km时,应在中间增设临时水准点。

（1）为什么各洞口的平面和高程控制点要求布设至少2个？

（2）隧道平面控制测量各方法的优缺点是什么？

8.2.2 洞内外联系测量

为了使洞内、洞外采用统一坐标系统所进行的测量工作，称为联系测量。联系测量的任务在于确定：洞内导线中一条边（起始边）的方位角，洞内导线中一个点（起始点）的平面坐标 x、y 和洞内起始点的高程。其中坐标和方向的传递称为定向测量，高程联系测量又称导入高程。

（1）几何定向

定向分为几何定向和物理定向两大类。物理定向主要是指陀螺仪定向，陀螺经纬仪和陀螺全站仪具有精度高、灵活性大、作业简单、速度快等优点，在隧道联系测量中应用日趋广泛。而几何定向则是利用一个或两个竖井的井筒，通过投点和连接测量将洞外控制点的坐标和方向引入洞内。这里以一井定向为例介绍几何定向的思路。

如图8-6所示，竖井施工到达设计底面以后，在井筒内挂两根钢丝，钢丝的一端固定在地面，另一端系有定向专用的垂球并自由悬挂至定向水平（一般称作垂球线），为了减小钢丝的振幅，需将挂在钢丝下边的重锤浸在液体中以获得阻尼。当钢丝静止时，钢丝上的各点平面坐标相同，据此推算地下控制点的坐标便能达到把地面的方向和坐标传递到井下的目的。

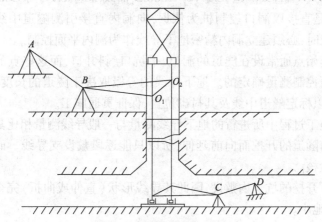

图8-6 竖井定向联系测量

投点所用垂球的质量与钢丝绳的直径随井深而异，考虑垂球线的偏移和摆动，有稳定投点和摆动投点两种方式，一般要求投点误差应小于0.5mm。由于竖井的井口直径（圆形竖井）或宽度（矩形竖井）有限，用于传递方位的两根铅垂线的距离相对较短（一般仅为3～5m），垂直投影的点位误差会严重影响井下方位定向的精度。

在投点工作完毕后，应立即进行上、下连接测量工作。由图8-6可看出，当已知 A、B 点的坐标时，即可推算出 AB 边的方位角，若再测出地面上 $\triangle O_1 O_2 B$ 的 $\angle O_1 B O_2$ 和三边长 $O_1 O_2$、BO_1、BO_2 及连接角 $\angle ABO_1$，便可用三角形的边角关系和导线测量计算的方法，计算出 $O_1 O_2$ 两点的平面坐标及其连线的方位角。同样在井下，根据已求得的 $O_1 O_2$ 坐标及其连线方位角和测得井下 $\triangle O_1 O_2 C$ 的 $\angle O_1 C O_2$，及三边长 $O_1 O_2$、CO_2、CO_1，并在 C 点测出 $\angle O_2 CD$，即可求得井下控制点 C 及 D 的平面坐标及 CD 边的方位角。

为保证测量精度,在选择井上、井下 B 和 C 点时,应满足下列要求:

①CD 和 AB 的长度应尽量大于 20m。

②点 B 与 C 应尽可能地在 O_1O_2 延长线上,即角度 $\angle BO_2O_1$、$\angle O_1BO_2$ 及 $\angle CO_1O_2$、$\angle O_1CO_2$ 不应大于 2°,以构成最有利三角形,称为延伸三角形。

③点 C 和 B 应适当靠近最近的垂球线,使 BO_1/O_1O_2 及 CO_2/O_1O_2 一般应不超过 1.5。

(2)导入高程

高程联系测量(导入高程)的任务是把地面的高程系统经竖井传递到井下高程的起始点。地面高程控制点的高程可以用钢尺垂直丈量或全站仪天顶测距等方法传递到井下,采用钢尺导入高程时,须加上尺长改正、温度改正、拉力改正和钢尺自重改正四项改正,并需独立进行两次(第二次需移动钢尺,改变仪器高度),前后两次导入高程之差一般不应超过 $l/8000$(l 为井深)。

❓ 思考问题

(1)两井定向与一井定向相比优点是什么?

(2)后视边的长度对定向有何影响?

8.2.3 洞内导线与中线测量

(1)洞内导线测量

通常有两种形式:当直线隧道长度小于 1000m,曲线隧道长度小于 500m 时,可不作洞内平面控制测量,而是直接以洞口控制桩为依据,向洞内直接引测隧道中线,作为平面控制。但当隧道长度较长时,必须建立洞内精密地下导线作为洞内平面控制。

地下导线的起始点通常设在隧道的洞口、平坑口、斜井口,而这些点的坐标是通过联系测量或直接由地面控制测量确定的。地下导线的等级取决于隧道的长度和形状,根据地下导线的坐标,就可以标定隧道中线及其衬砌位置,保证贯通施工。

这种在隧道施工过程中所进行的地下导线测量与一般导线测量相比具有以下特点:

①地下导线随隧道的开挖而向前延伸,所以只能逐段敷设支导线。而支导线采用重复观测的方法进行检核。

②导线在地下开挖的坑道内敷设,因此其导线形状(直伸或曲折)完全取决于坑道的形状,导线点选择余地小。

③地下导线是先敷设精度较低的施工导线,然后再敷设精度较高的基本控制导线。

布设地下导线应考虑到贯通时的精度要求。另外还应考虑到导线点的位置,以保证在隧道内能以必要的精度放样。在隧道施工中,一般只敷设施工导线与基本控制导线。当隧道过长时才考虑布设主要导线。导线点一般设在顶板上岩石坚固的地方。隧道的交叉处必须设点。考虑到使用方便,便于寻找,导线点的编号尽量做到简单,按次序排列。

(2)隧道中线测量

隧道的中线测设如图 8-7 所示,D_2、D_3 点为导线点,A 为隧道中线点,若已知 D_2、D_3 的实测坐标及 A 的设计坐标和隧道中线的设计方位角 α_{AB},根据上述的数据,即可推算出放样中线点的有关数据:β_3、L 与 β_A。

在求得有关数据后,即可将经纬仪安置于导线点 D_3 上,后视 D_2 点,拨角 β_3,并在视线方向上丈量距离 L,即得中线点 A,然后在 A 点埋设标志。标定开挖方向时,可将仪器安置于 A

点,后视导线点 D_3,并拨水平角 β_A,即得中线方向。随着开挖面向前推进,需将中线点向前延伸,埋设新的中线点,如图 8-7 中的 B 点。此后可将仪器安置于 B 点,后视 A 点,倒转望远镜继续向前标定隧道中心线的位置。A、B 间的距离在直线段上不宜超过 100m,在曲线段上不宜超过 50m。中线延伸在直线段上宜采用正倒镜分中法;在曲线段上则宜采用偏角法测设。

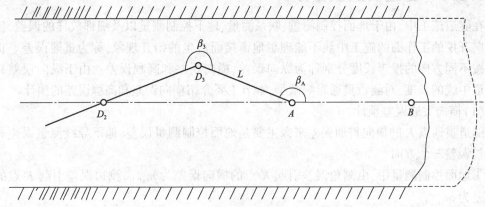

图 8-7　测设隧道中线

?**思考问题**

(1)隧道中导线点一般埋设在什么位置?

(2)地下导线测量与一般导线测量相比有哪些特点?

8.2.4　洞内水准测量

(1)洞内高程控制测量

洞内高程控制测量应采用水准测量或光电测距三角高程测量的方法。洞内高程应由洞外高程控制点向洞内测量传递,结合洞内施工特点,每隔 50m 应设置一个洞内水准点,并据此测设腰线。

洞内水准测量具有以下特点:

①水准线路与洞内导线相同。在隧道贯通之前,地下水准线路均为支线,因而需要往返观测,视线长度不宜大于 50m,另外还须经常进行复测。

②通常情况下,可利用导线点作为水准点,也可将水准点埋设在洞顶或洞壁上,但都应力求稳固和便于观测。

③在隧道施工中,地下水准支线随开挖面的进展而向前延伸。为满足施工要求,一般可先测设较低精度的临时水准点,其后再测设较高精度的永久水准点。永久水准点最好按组设置,每组应不少于两个点,各组之间的距离一般为 300~800m。

当隧道贯通之后,求出相向两条水准支线的高程贯通误差,并在未衬砌地段进行调整。所有开挖、衬砌工程应以调整后的高程指导施工。

(2)腰线的标定

隧道施工中,为控制施工的高程和隧道横断面的放样,在隧道的岩壁上每隔一定距离(5~10m)测设出比洞底设计地坪高 1m 的高程线,称为腰线。腰线的高程由引入洞内的施工水准点进行测设。由于隧道的纵断面有一定的设计坡度,因此腰线的高程按设计坡度随中线的里程而变化,它与隧道的设计地坪高程线是平行的。

❓ **思考问题**

(1)洞内水准点设置于洞顶时对观测方法有何影响?

(2)洞内水准路线有哪些特点?

8.2.5　隧道贯通误差分析

在隧道施工中,由于地面控制测量、联系测量、地下控制测量以及细部放样的误差,使两个相向开挖的工作面的施工中线不能理想地衔接而产生的错开现象,称为贯通误差。贯通误差按不同方向的投影长度分别称为纵向误差、横向误差和高程误差。由于纵向误差只影响隧道中线的长度,对隧道贯通影响微小,本节主要介绍横向误差和高程误差的预计。

(1)横向贯通误差预计

隧道贯通点 K 的横向贯通误差来源主要是地面控制测量误差、地下导线测量误差和联系测量误差三个方面。

①地面控制测量中,由测角误差引起 K 点的横向误差为 $m_{x\beta上}$,测边误差引起 K 点的横向误差为 $m_{xl上}$;

②地下导线测量中,由测角误差引起 K 点的横向误差为 $m_{x\beta下}$,测边误差引起 K 点的横向误差为 $m_{xl下}$;

③定向测量误差引起 K 点的横向误差为 m_{xo}。

综合以上各项误差的影响,K 点的横向贯通总中误差 m_x 为:

$$m_x = \pm \sqrt{m_{x\beta上}^2 + m_{xl上}^2 + m_{x\beta下}^2 + m_{xl下}^2 + m_{xo}^2} \tag{8-1}$$

(2)高程贯通误差预计

隧道贯通点 K 在高程上的误差来源主要是地面水准测量误差和洞内水准测量误差。其中地面水准测量引起高程误差 $m_{H上}$ 上的估算公式为:

$$m_{H上} = m_{km上} \cdot \sqrt{L_上} \quad (mm) \tag{8-2}$$

洞内水准测量引起高程误差 $m_{H下}$ 下的估算公式为:

$$m_{H下} = m_{km下} \cdot \sqrt{L_下} \quad (mm) \tag{8-3}$$

式中:$m_{km上}$——地面水准测量每公里长度的高差中误差;

$m_{km下}$——洞内水准测量每公里长度的高差中误差;

$L_上$——地面水准路线长度,以 km 计;

$L_下$——洞内水准路线总长度,以 km 计。

综合以上两项误差的影响,K 点在高程上的总中误差 m_H 为:

$$m_H = \pm \sqrt{m_{H上}^2 + m_{H下}^2} \tag{8-4}$$

如果高程是由竖井导入的,还应考虑高程导入的中误差对 m_H 的影响。

隧道贯通之后,应进行实际贯通误差的测定,以检查是否超限,并应在未衬砌隧道段上进行调整。

❓ **思考问题**

(1)隧道贯通误差为什么应在未衬砌隧道段上进行调整?

(2)进行隧道贯通误差预计的作用是什么?

自我测试

一、判断题(对的打"√",错的打"×")

1.隧道平面控制测量中导线和三角锁均应尽量布设成直伸形。 （　　）

2.定向分为几何定向和物理定向二类。 （　　）

3.地下导线随隧道的开挖可逐段布设成任意形式。 （　　）

4.隧道内高程控制测量可将水准点埋设在洞顶或洞壁上。 （　　）

5.腰线与隧道的设计地坪高程线是平行的。 （　　）

二、选择题

1.隧道平面控制测量有以下(　　)方法。

　　A.直接定线　　　　　B.导线法　　　　　　C.三角网法　　　　　D.GPS 法

2.对隧道贯通影响较小的贯通误差是(　　)。

　　A.纵向误差　　　　　B.横向误差　　　　　C.高程误差　　　　　D.总贯通误差

3.隧道贯通后,应进行实际贯通误差的测定,以检查是否超限,并应在(　　)进行调整。

　　A.贯通面上　　　　　B.已衬砌隧道段上　　　C.未衬砌隧道段上　　　D.任意段

学习单元 9 建筑施工测量

 学习模块

学习模块 9.1 建筑工程控制测量

学习模块 9.2 民用建筑施工测量

学习模块 9.3 工业建筑施工测量

 实训任务

实训任务 9.4 建筑物轴线测设

建筑施工测量描述

建筑工程施工测量是把设计的建筑物、构筑物的平面位置和高程,按设计要求以一定的精度测设在地面上,作为施工的依据,并在施工过程中进行一系列的测量工作,以衔接和指导各工序间的施工。

建筑工程施工测量贯穿于整个施工过程中。从场地平整、建筑物定位、基础施工,到建筑物构件的安装等,都必须进行施工测量,才能使建筑物、构筑物各部分的尺寸、位置符合设计要求。有些工程竣工后,为了便于维修和扩建,还必须测绘出竣工图。

为了保证各个建筑物、构筑物的平面和高程位置都符合设计要求,互相连成统一的整体,施工测量和测绘地形图一样,也要遵循"从整体到局部,先控制后碎部"的原则,即先在施工现场建立统一的平面控制网和高程控制网,然后以此为基础,测设出各个建筑物的位置。施工测量的检核工作也很重要,必须采用各种不同的方法加强外业和内业的检核工作。

建筑施工测量的主要内容如下:

(1)施工前建立与工程相适应的施工控制网。

(2)建(构)筑物的放样及构件与设备安装的测量工作。

(3)检查和验收工作。每道工序完成后,都要通过测量检查工程各部位的实际位置和高程是否符合要求,根据实测验收的记录,编绘竣工图和资料,作为验收时鉴定工程质量和工程交付后管理、维修、扩建、改建的依据。

学习模块 9.1 建筑工程控制测量

 学习资源

(1)所用教材相关内容。

(2)教师推荐的学习资源。

(3)网络及多媒体中建筑工程控制测量的案例。

(4)《工程测量规范》(GB 50026—2007)有关控制测量的技术要求。

(5)《建筑工程施工质量统一验收标准》(GB 50300—2001)。

学习要点

(1)建筑工程平面控制测量的技术要求与分类。

(2)施工坐标系与测量坐标系的坐标换算。

(3)根据建筑红线测设建筑基线。

(4)根据附近已有控制点测设建筑基线。

(5)施工场地的高程控制测量。

9.1.1　建筑工程平面控制测量

(1)建筑工程平面控制测量的技术要求与分类

建筑物施工控制网,应根据场区控制网进行定位、定向和起算;控制网的坐标轴,应与工程设计所采用的主副轴线一致。新建立场区控制网,可利用原控制网中的点组(由三个或三个以上的点组成)进行定位。小规模场区控制网,也可选用原控制网中一个点的坐标和一个边的方位进行定位。控制网点,应根据设计总平面图和施工总布置图布设,并满足建筑物施工测设的需要。

建筑物施工平面控制网应根据建筑物的分布、结构、高度、基础埋深和机械设备传动的连接方式、生产工艺的连续程度,分别布设一级或二级控制网。其主要技术要求应符合表 9-1 的规定。

建筑物施工平面控制网的主要技术要求表　　　　　　　　　　　　　　　表 9-1

等　　级	边长相对中误差	测角中误差
一级	≤1/30000	$7''\sqrt{n}$
二级	≤1/15000	$15''\sqrt{n}$

注:n 为建筑物结构的跨数。

建筑工程施工平面控制网可以布设成三角网、导线网、建筑方格网和建筑基线四种形式:

①三角网。对于地势起伏较大,通视条件较好的施工场地,可采用三角网。

②导线网。对于地势平坦,通视又比较困难的施工场地,可采用导线网。

③建筑方格网。对于建筑物多为矩形且布置比较规则和密集的施工场地,可采用建筑方格网。

④建筑基线。对于地势平坦且又简单的小型施工场地,可采用建筑基线。

(2)施工坐标系与测量坐标系的坐标换算

施工坐标系亦称建筑坐标系,其坐标轴与主要建筑物主轴线平行或垂直,以便用直角坐标法进行建筑物的放样。

施工控制测量的建筑基线和建筑方格网一般采用施工坐标系,而施工坐标系与测量坐标系往往不一致,因此,施工测量前常常需要进行施工坐标系与测量坐标系的坐标转换。

如图 9-1 所示,设 xOy 为测量坐标系,$x'O'y'$ 为施工坐标系,x_0、y_0 为施工坐标系的原点 O' 在测量坐标系中的坐标,α 为施工坐标系的纵轴 $O'x'$ 在测量坐标系中的坐标方位角。设

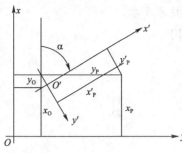

图9-1 施工坐标系与测量坐标

已知 P 点的施工坐标为 (x'_P, y'_P)，则可按式(9-1)将其转换为测量坐标 (x_P, y_P)。

$$x_P = x_0 + x'_P \cos\alpha - y'_P \sin\alpha \\ y_P = y_0 + x'_P \sin\alpha + y'_P \cos\alpha \Bigg\} \tag{9-1}$$

如已知 P 的测量坐标，则可按式(9-2)将其换算为施工坐标。

$$x'_P = (x_P - x_0)\cos\alpha + (y_P - y_0)\sin\alpha \\ y'_P = -(x_P - x_0)\sin\alpha + (y_P - y_0)\cos\alpha \Bigg\} \tag{9-2}$$

讨论问题

(1)施工坐标系与测量坐标系如何进行坐标换算，换算的目的是什么？

(2)施工平面控制网有几种形式，施工平面控制网每种形式的适用条件是什么？

9.1.2　建筑基线

(1)建筑基线的类型

建筑基线的设计有三点"一"字形、三点"L"形(如图9-2)、四点"T"字形、五点"十"字形。建筑基线的布设要求有：

①基线平行或垂直于主建筑物的轴线。

②点与点间通视，边长 100～400m。

③主点不受挖土损坏且靠近主建筑物。

④精度满足放样要求。

⑤不少于三点。

图9-2 根据建筑红线测设建筑基线

根据建筑场地的不同情况，建筑基线的测设主要有下述两种。

(2)根据建筑红线测设建筑基线

由城市测绘部门测定的建筑用地界定基准线，称为建筑红线。在城市建设区，建筑红线可用作建筑基线测设的依据。如图9-2所示，AB、AC 为建筑红线，1、2、3 为建筑基线点，利用建筑红线测设建筑基线的方法如下：

①从 A 点沿 AB 方向量取 d_2 定出 P 点，沿 AC 方向量取 d_1 定出 Q 点。

②过 B 点作 AB 的垂线，沿垂线量取 d_1 定出 2 点，作出标志；过 C 点作 AC 的垂线，沿垂线量取 d_2 定出 3 点，作出标志；用细线拉出直线 $P3$ 和 $Q2$，两条直线的交点即为 1 点，作出标志。

③在 1 点安置经纬仪，精确观测 $\angle 213$，其与90°的差值应小于 $\pm 20''$。

(3)根据附近已有控制点测设建筑基线

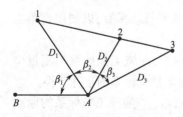

图9-3 根据控制点测设建筑基线

在新建筑区，可以利用建筑基线的设计坐标和附近已有控制点的坐标，用极坐标法测设建筑基线。如图9-3所示，A、B 为附近已有控制点，1、2、3 为选定的建筑基线点。测设方法如下：

首先，根据已知控制点和建筑基线点的坐标，计算出测设数据 β_1、D_1、β_2、D_2、β_3、D_3。然后用极坐标法测设1、2、3点。

由于存在测量误差,测设的基线点往往不在同一直线上,且点与点之间的距离与设计值也不完全相符,因此,需要精确测出已测设直线的折角 β' 和距离 D',并与设计值相比较。如果 $\Delta\beta = \beta' - 180°$ 超过 $\pm 15''$,则应对 $1'$、$2'$、$3'$ 点在与基线垂直的方向上进行等量调整。

讨论问题

(1)查阅网络或图书馆资料建筑基线的测设应满足哪些要求?

(2)根据所学全站仪知识,讨论如何用全站仪进行建筑基线的测设?

9.1.3　建筑方格网

由正方形或矩形组成的施工平面控制网,称为建筑方格网,或称矩形网,如图9-4所示。建筑方格网适用于按矩形布置的建筑群或大型建筑场地。

(1)建筑方格网的布设

布设建筑方格网时,应根据总平面图上各建(构)筑物、道路及各种管线的布置,结合现场的地形条件来确定。如图9-4所示,先确定方格网的主轴线 AOB、束 COD,然后再布设方格网。

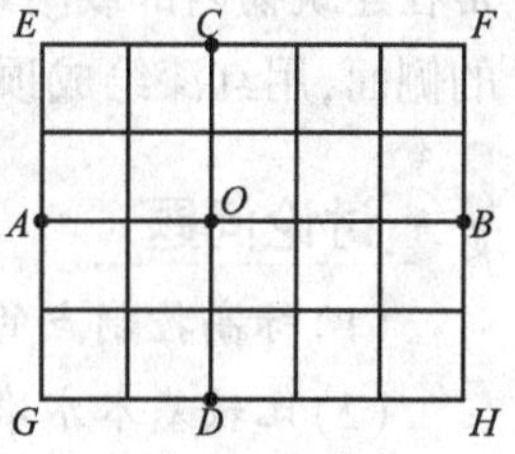

(2)建筑方格网的测设方法

主轴线测设与建筑基线测设方法相似。主轴线实质上是由5个主点 A、B、O、C、D 组成。最后,精确检测主轴线点的相对位置关系,并与设计值相比较,如果超限,则应进行调整。建筑方格网的主要技术要求如表9-2所示。

图9-4　建筑方格网

建筑方格网的主要技术要求　　　　　　　　　　　表9-2

等级	边长(m)	测角中误差	边长相对中误差	测角检测限差	边长检测限差
一级	100～300	5″	1/30000	10″	1/15000
二级	100～300	8″	1/20000	16″	1/10000

如图9-4所示,主轴线测设后,分别在主点 A、B 和 C、D 安置经纬仪,后视主点 O,向左右测设90°水平角,即可交会出田字形方格网点。随后再作检核,测量相邻两点间的距离,看是否与设计值相等,测量其角度是否为90°,误差均应在容许范围内,并埋设永久性标志。

建筑方格网轴线与建筑物轴线平行或垂直,因此,可用直角坐标法进行建筑物的定位,计算简单,测设比较方便,而且精度较高。其缺点是必须按照总平面图布置,其点位易被破坏,而且测设工作量也较大。

学习指导

测设建筑方格网工作量大且容易被破坏,查阅资料用什么方法可以代替建筑方格网?

9.1.4　施工场地的标高控制测量

建筑物标高控制测量应采用四等或四等以上水准测量。水准点可设置在平面控制网的标桩或外围的固定地物上,也可单独埋设。水准点的个数不应少于2个。当场地标高控制点距离施工建筑物小于200m时,可直接利用。当施工中标高控制点标桩不能保存时,应将其标高引测至稳固的建筑物或构筑物上,引测的精度不应低于四等水准。

137

建筑施工场地的标高控制测量一般采用水准测量方法,应根据施工场地附近的国家或城市已知水准点,测定施工场地水准点的标高,以便纳入统一的标高系统。

在施工场地上,水准点的密度应尽可能满足安置一次仪器即可测设出所需的标高。而测图时敷设的水准点往往是不够的,因此,还需增设一些水准点。在一般情况下,建筑基线点、建筑方格网点以及导线点也可兼作标高控制点。只要在平面控制点桩面上中心点旁边,设置一个突出的半球状标志即可。

基本水准点应布设在土质坚实、不受施工影响、无震动和便于实测的地方,并埋设永久性标志。一般情况下,按四等水准测量的方法测定其标高,而对于为连续性生产车间测设所建立的基本水准点,则需按三等水准测量的方法测定其标高。

施工水准点是用来直接测设建筑物标高的。为了测设方便和减少误差,施工水准点应靠近建筑物埋设。

此外,由于设计建筑物常以底层室内地坪高 ±0 为标高起算面,为了施工引测设方便,常在建筑物内部或附近测设 ±0 水准点。 ±0 水准点的位置,一般选在稳定的建筑物墙、柱的侧面,用红漆绘成顶为水平线的"▼"形,其顶端表示 ±0 位置。

 讨论问题

（1）标高控制点的布设应该有哪些方式?

（2）比较基本水准点和施工水准点的用途和测设方法。

 自我测试

一、判断题(对的打"√",错的打"×")

1. 对于建筑物多为矩形且布置比较规则和密集的施工场地,可采用建筑方格网。

（ ）

2. 对于地势平坦且又简单的小型施工场地,可采用三角网。　　　　　（ ）

3. 建筑基线平行或垂直于主建筑物的轴线。　　　　　　　　　　　（ ）

4. 建筑基线最少不能少于两个点。　　　　　　　　　　　　　　　（ ）

5. 由正方形或矩形组成的施工平面控制网,称为建筑方格网,或称矩形网。（ ）

6. 施工水准点是用来间接测设建筑物高程的。　　　　　　　　　　（ ）

7. 为了测设方便和减少误差,施工水准点应远离建筑物。　　　　　　（ ）

8. 建筑工程测量不需要遵循"从整体到局部,先控制后碎部"的原则。　（ ）

9. 对于为连续性生产车间测设所建立的基本水准点,不需要按三等水准测量的方法测定其高程。　　　　　　　　　　　　　　　　　　　　　　　　　　（ ）

10. 建筑红线可用作建筑基线测设的依据。　　　　　　　　　　　　（ ）

二、选择题

1. 下列关于建筑基线说法错误的是（ 　）。

A. 基线平行或垂直于主建筑物的轴线

B. 点与点间通视,边长 50~200m

C. 主点不受挖土损坏且靠近主建筑物

D. 不少于三点

2. 下列关于施工平面控制网每种形式的适用条件说法错误的是(　　)。

　　A. 对于地势起伏较大,通视条件较好的施工场地,可采用导线网

　　B. 对于地势平坦,通视又比较困难的施工场地,可采用三角网

　　C. 对于建筑物多为矩形且布置比较规则和密集的施工场地,可采用建筑方格网

　　D. 对于地势平坦且又简单的小型施工场地,可采用建筑基线

学习模块9.2　民用建筑施工测量

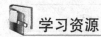 学习资源

(1)所用教材相关内容。

(2)教师推荐的学习资源。

(3)精品课程网络资源及有关学习课件。

(4)《建筑施工测量技术规程》(DB11/T 446—2007)。

(5)《工程测量规范》(GB 50026—2007)有关控制测量的技术要求。

(6)《建筑基坑工程监测技术规范》(GB 50497—2009)。

学习要点

(1)建筑物的定位和放线。

(2)基础工程施工测量。

(3)墙体施工测量。

(4)建筑物的轴线投测。

(5)建筑物的高程传递。

(6)高层建筑施工测量。

9.2.1　施工测量的准备工作

设计图纸是施工测量的主要依据,在测设前,应做好以下准备工作:

(1)熟悉建筑物的设计图纸,了解施工建筑物与相邻地物的相互关系,以及建筑物的尺寸和施工的要求等,并仔细核对各设计图纸的有关尺寸。

(2)全面了解现场情况,对施工场地上的平面控制点和水准点进行检核。

(3)平整和清理施工场地,以便进行测设工作。

(4)根据设计要求、定位条件、现场地形和施工方案等因素,制订测设方案,包括测设方法、测设数据计算和绘制测设略图。

建筑物施工放样、轴线投测和标高传递的偏差不应超过表9-3的规定。

建筑物施工放样、轴线投测和标高传递的容许偏差　　　　　　　　　表9-3

项　　目	内　　容	容许偏差(mm)
基础桩位放样	单排桩或群桩中的边桩	±10
	群桩	±20

项　　目	内　　容		容许偏差(mm)
各施工层上放线	外廊主轴线长度 L(m)	$L \leq 30$	±5
		$30 < L \leq 60$	±10
		$60 < L \leq 90$	±15
		$90 < L$	±20
	细部轴线		±2
	承重墙、梁、柱边线		±3
	非承重墙边线		±3
	门窗洞口线		±3
轴线竖向投测	每层		3
	总高 H(m)	$H \leq 30$	5
		$30 < H \leq 60$	10
		$60 < H \leq 90$	15
		$90 < H \leq 120$	20
		$120 < H \leq 150$	25
		$150 < H$	30
标高竖向传递	每层		±3
	总高 H(m)	$H \leq 30$	±5
		$30 < H \leq 60$	±10
		$60 < H \leq 90$	±15
		$90 < H \leq 120$	±20
		$120 < H \leq 150$	±25
		$150 < H$	±30

学习指导

按照建筑物施工放样、轴线投测和标高传递的容许偏差表,从学习资源中找到轴线与标高的检查记录表格,然后按要求填写。

9.2.2　建筑物定位和放线

建筑物的定位,就是将建筑物外廊各轴线交点测设在地面上(简称角桩),作为基础放样和细部放样的依据。

由于定位条件不同,定位方法也不同,下面介绍根据已有建筑物测设拟建建筑物的方法。如图 9-5 所示,用钢尺沿宿舍楼的东、西墙,延长出一小段距离 s 得 a、b 两点。在 a 点安置经纬仪,照准 b 点,并从 b 沿 ab 方向量取 14.240m(因为教学楼的外墙厚 370mm,轴线偏里,离外墙皮 240mm),定出 c 点,再继续沿 ab 方向从 c 点起量取 25.800m,定出 d 点,cd 线就是测设教学楼平面位置的建筑基线。分别在 c、d 两点安置经纬仪,照准 a 点,顺时针方向测设 90°,沿此视线方向量取距离 $s+0.240$m,定出 M、Q 两点,再继续量取 15.000m,定出 N、P 两点。M、N、P、Q 四点即为教学楼外廓定位轴线的交点。检查 NP 的距离是否等于 25.800m,$\angle N$ 和 $\angle P$ 是否等于 90°,其误差应在容许范围内。

如果施工场地已有建筑方格网或建筑基线时,可直接采用直角坐标法进行定位。

建筑物的放线,是指根据已定位的外墙轴线交点桩(角桩),详细测设出建筑物各轴线的交点桩(或称中心桩),然后,根据交点桩用白灰撒出基槽开挖边界线。下面介绍放线方法,在外墙轴线周边上测设中心桩位置,如图 9-5 所示,在 M 点安置经纬仪,照准 Q 点,用钢尺沿 MQ 方向量出相邻两轴线间的距离,定出 1、2、3、…各点,同理可定出 5、6、7 各点。量距精度应达到设计精度要求。量出各轴线之间距离时,钢尺零点要始终对在同一点上。

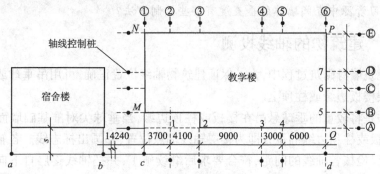

图 9-5　建筑物的定位和放线

下面介绍如何恢复轴线,由于在开挖基槽时,角桩和中心桩要被挖掉,为了便于在施工中,恢复各轴线位置,应把各轴线延长到基槽外安全地点,并做好标志。开挖基槽还应注意留够基础施工的工作面和放坡所占的位置。其方法有设置轴线控制桩和龙门板两种形式,这里只介绍轴线控制桩法。

轴线控制桩设置在基槽外,基础轴线的延长线上,作为开槽后,各施工阶段恢复轴线的依据,如图 9-5 所示。轴线控制桩一般设置在基槽外 2~4m 处,打下木桩,桩顶钉上小钉,准确标出轴线位置,并用混凝土包裹木桩。如附近有建筑物,亦可把轴线投测到建筑物上,用红漆作出标志,以代替轴线控制桩。

讨论问题

(1)开挖基槽时,还应考虑什么问题才能一次性挖到位?

(2)讨论规划图纸和放样图纸的区别。

9.2.3　墙体施工测量

首先介绍墙体定位的方法,利用轴线控制桩或龙门板上的轴线和墙边线标志,用经纬仪或拉细绳挂垂球的方法将轴线投测到基础面上或防潮层上。用墨线弹出墙中线和墙边线。检查外墙轴线交角是否等于 90°。把墙轴线延伸并画在外墙基础上,作为向上投测轴线的依据。把门、窗和其他洞口的边线,也在外墙基础上标定出来。

然后介绍墙体各部位标高控制,在墙体施工中,墙身各部位标高通常也是用皮数杆控制。在墙身皮数杆上,根据设计尺寸,按砖、灰缝的厚度画出线条,并标明 ±0.000m、门、窗、楼板等的标高位置。墙身皮数杆的设立与基础皮数杆相同,使皮数杆上的 ±0.000m 标高与房屋的室内地坪标高相吻合。在墙的转角处,每隔 10~15m 设置一根皮数杆。在墙身砌起 1m 以后,就在室内墙身上定出 +0.500m 的标高线,习惯称之为"50 线",作为该层地面施工和室内装修的依据。第二层以上墙体施工中,为了使皮数杆在同一水平面上,要用水准仪测出楼板四角的标高,取平均值作为地坪标高,并以此作为立皮数杆的标志。

框架结构的民用建筑,墙体砌筑是在框架施工后进行的,故可在柱面上画线,代替皮数杆。

 学习指导

(1)在学习资源中查阅如何控制墙体的高度和门窗洞口的位置?

(2)在学习资源中查阅墙体的垂直度有哪些控制方法?

9.2.4　建筑物的轴线投测

在多层建筑墙身砌筑过程中,为了保证建筑物轴线位置正确,可用吊垂球或经纬仪将轴线投测到各层楼板边缘或柱顶上。

吊垂球法是将较重的垂球悬吊在楼板或柱顶边缘,当垂球尖对准基础墙面上的轴线标志时,线在楼板或柱顶边缘的位置即为楼层轴线端点位置,并画出标志线。各轴线的端点投测完后,用钢尺检核各轴线的间距,符合要求后继续施工,并把轴线逐层自下向上传递。吊垂球法简便易行,不受施工场地限制,一般能保证施工质量。但当有风或建筑物较高时,投测误差较大,应采用经纬仪投测法。

经纬仪投测法精度要高于吊垂球法,首先在轴线控制桩上安置经纬仪,严格整平后,照准基础墙面上的轴线标志,然后用盘左、盘右分中投点法,将轴线投测到楼层边缘或柱顶上。将所有端点投测到楼板上之后,用钢尺检核其间距,相对误差不得大于 1/2000。检查合格后,才能在楼板分间弹线,继续施工。

思考问题

(1)讨论上述两种建筑物轴线投测方法的适用条件和方法。

(2)轴线投测时在什么情况下用 50 控制线?

9.2.5　建筑物的高程传递

在多层建筑墙身施工中,要由下层向上层传递高程,以便楼板、门窗口等的标高符合设计要求。高程传递的方法有以下几种:

(1)利用钢尺直接丈量

对于高程传递精度要求较高的建筑物,通常用钢尺直接丈量来传递高程。对于二层以上的各层,每砌高一层,就从楼梯间用钢尺从下层的" +0.500m"标高线,向上量出层高,测出上一层的" +0.500m"标高线。这样用钢尺逐层向上引测。

(2)吊钢尺法

用悬挂钢尺代替水准尺,用水准仪读数,从下向上传递高程。

(1)利用教学资源查找用钢尺直接丈量和吊钢尺法的不同之处。

(2)利用教学资源查找吊钢尺法的优点。

9.2.6 高层建筑施工测量

高层建筑物施工测量中的主要问题是控制垂直度,就是将建筑物的基础轴线准确地向高层引测,并保证各层相应轴线位于同一竖直面内,控制竖向偏差,使轴线向上投测的偏差值不超限。

轴线向上投测时,要求竖向误差在本层内不超过5mm,全楼累计误差值不应超过$2H/10000$(H为建筑物总高度),且不应大于:

30m < H ≤ 60m时,10mm; 60m < H ≤ 90m时,15mm; 90m < H时,20mm。

高层建筑物轴线的竖向投测,主要有外控法和内控法两种,下面主要介绍常用的内控法。

内控法是在建筑物内±0.000平面设置轴线控制点,并预埋标志,以后在各层楼板相应位置上预留200mm×200mm的传递孔,在轴线控制点上直接采用激光铅垂仪法,通过预留孔将其点位垂直投测到任一楼层。

(1)内控法轴线控制点的设置

在基础施工完毕后,在±0.000首层平面上,适当位置设置与轴线平行的辅助轴线。辅助轴线距轴线500~800mm为宜,并在辅助轴线交点或端点处埋设标志。如图9-6所示。

(2)激光铅垂仪法

①激光铅垂仪是一种专用的铅直定位仪器,适用于高层建筑物、烟囱及高塔架的铅直定位测量。

激光铅垂仪的基本构造主要由氦氖激光管、精密竖轴、发射望远镜、水准器、基座、激光电源及接收屏等部分组成。

激光器通过两组固定螺钉固定在套筒内。激光铅垂仪的竖轴是空心筒轴,两端有螺扣,上、下两端分别与发射望远镜和氦氖激光器套筒相连接,两者位置可对调,构成向上或向下发射激光束的铅垂仪。仪器上设置有两个互成90°的管水准器,仪器配有专用激光电源。

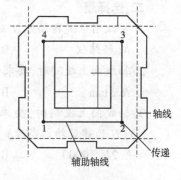

图9-6 内控法轴线控制点的设置

②激光铅垂仪进行轴线投测的投测方法,是在首层轴线控制点上安置激光铅垂仪,利用激光器底端(全反射棱镜端)所发射的激光束进行对中,通过调节基座整平螺旋,使管水准器气泡严格居中。在上层施工楼面预留孔处,放置接受靶。接通激光电源,启辉激光器发射铅直激光束,通过发射望远镜调焦,使激光束汇聚成红色耀目光斑,投射到接受靶上。移动接受靶,使靶心与红色光斑重合,固定接受靶,并在预留孔四周作出标记,此时,靶心位置即为轴线控制点在该楼面上的投测点。

高层建筑各施工层的标高,是由底层±0.000m标高线传递上来的。

讨论问题

(1)如何用内控法进行高层建筑的投测?高层建筑高程由底层传递到上面同一施工层的几个标高点误差不超过多少毫米?

(2)如何利用GPS进行高层轴线投测以减少普通测量引起的误差积累?

自我测试

一、判断题(对的打"√",错的打"×")

1.高层建筑各施工层的标高,是由底层 ±0.000m 标高线传递上来的。　　　　　(　)

2.吊垂球法简便易行,不受施工场地限制,一般能保证施工质量,也可以在有风的情况下实施测量。　　　　　　　　　　　　　　　　　　　　　　　　　　　　(　)

3.激光铅垂仪在外控法中使用。　　　　　　　　　　　　　　　　　　　　(　)

4.内控法一般不用辅助轴线。　　　　　　　　　　　　　　　　　　　　　(　)

5.高层建筑高程的传递,由底层传递到上面同一施工层的几个标高点误差不超过10mm。　　　　　　　　　　　　　　　　　　　　　　　　　　　　　　(　)

6.在墙身皮数杆上,根据设计尺寸,按砖、灰缝的厚度画出线条,并标明 0.000m、门、窗、楼板等的标高位置。　　　　　　　　　　　　　　　　　　　　　　　　　(　)

7.为了施工时使用方便,一般在槽壁各拐角处、深度变化处和基槽壁上每隔 5~10m 测设一水平桩。　　　　　　　　　　　　　　　　　　　　　　　　　　　(　)

8.轴线控制桩设置在基槽外,基础轴线的延长线上,作为开槽后,各施工阶段恢复轴线的依据。　　　　　　　　　　　　　　　　　　　　　　　　　　　　　　(　)

9.在墙身砌起 1m 以后,就在室内墙身上定出 +0.500m 的标高线,我们叫做"50 线"作为该层地面施工和室内装修用。　　　　　　　　　　　　　　　　　　　(　)

二、选择题

1.可以用来进行轴线投测的工具有(　 　)。
　　A.经纬仪　　　　　B.水准仪　　　　　C.铅垂　　　　　D.激光垂准仪

2.轴线向上投测时,要求竖向误差在本层内不超过(　 　)。
　　A.5mm　　　　　B.12mm　　　　　C.10mm　　　　　D.3mm

3.轴线向上投测时,要求竖向误差在本层内不超过 5mm,全楼累计误差值不应超过(　 　)(H 为建筑物总高度)。
　　A.$2H/10000$　　　B.$1H/10000$　　　C.$2H/30000$　　　D.$1H/20000$

学习模块 9.3　工业建筑施工测量

学习资源

(1)所用教材相关内容。

(2)教师推荐的学习资源。

(3)精品课程网络资源及有关学习课件。

(4)《建筑施工测量技术规程》(DB11/T 446—2007)。

(5)《工程测量规范》(GB 50026—2007)有关轴线测量、引测高程的技术要求。

学习要点

(1)厂房柱列轴线与柱基施工测量。

(2)预制构件安装测量。

9.3.1 厂房柱列轴线与柱基施工测量

(1)厂房柱列轴线测设

根据厂房平面图上所注的柱间距和跨距尺寸,用钢尺沿矩形控制网各边量出各柱列轴线控制桩的位置,如图9-7中的1′、2′、…,并打入大木桩,桩顶用小钉标出点位,作为柱基测设和施工安装的依据。丈量时应以相邻的两个距离指标桩为起点分别进行,以便检核。

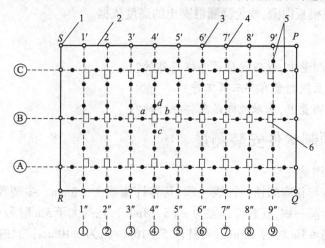

图9-7 厂房柱列轴线和柱基测量

1-厂房控桩;2-厂房矩形控制网;3-柱列轴线控制桩;4-距离指标桩;5-定位小木桩;6-柱基础

(2)柱基定位和放线

首先安置两台经纬仪,在两条互相垂直的柱列轴线控制桩上,沿轴线方向交会出各柱基的位置(即柱列轴线的交点),此项工作称为柱基定位。然后在柱基的四周轴线上,打入四个定位小木桩 a、b、c、d,如图9-7所示,其桩位应在基础开挖边线以外,比基础深度大1.5倍的地方,作为修坑和立模的依据。按照基础详图所注尺寸和基坑放坡宽度,用特制角尺,放出基坑开挖边界线,并撒出白灰线以便开挖,此项工作称为基础放线。在进行柱基测设时,应注意柱列轴线不一定都是柱基的中心线,而一般立模、吊装等习惯用中心线,此时,应将柱列轴线平移,定出柱基中心线。柱子、桁架和梁安装测量的偏差,不应超过表9-4的规定。

柱子、桁架和梁安装测量的容许偏差 表9-4

测量内容		容许偏差(mm)
钢柱垫板标高		±2
钢柱 ±0 标高检查		±2
混凝土柱(预制) ±0 标高检查		±3
柱子垂直度检查	钢柱牛腿	5
	柱高 10m 以内	10
	柱高 10m 以上	$H/1000$,且 ≤20
桁架和实腹梁、桁架和钢架的支承结点间相邻高差的偏差		±5
梁间距		±3
梁面垫板标高		±2

（3）柱基施工测量

基坑开挖深度的控制：当基坑挖到一定深度时，应在基坑四壁，离基坑底设计标高0.5m处测设水平桩，作为检查基坑底标高和控制垫层的依据。

杯形基础立模测量：基础垫层打好后，根据基坑周边定位小木桩，用拉线吊垂球的方法，把柱基定位线投测到垫层上，弹出墨线，用红漆画出标记，作为柱基立模板和布置基础钢筋的依据。立模时，将模板底线对准垫层上的定位线，并用垂球检查模板是否垂直。将柱基顶面设计标高测设在模板内壁，作为浇灌混凝土的高度依据。

？ 思考问题

（1）厂房柱基测量中，柱基定位是怎样操作的？

（2）杯形基础立模测量有哪三项工作？

（3）厂房柱基测量中，基础放线是怎样操作的？

9.3.2　预制构件安装测量

（1）柱子安装测量

柱子中心线应与相应的柱列轴线一致，其容许偏差为±5mm。牛腿顶面和柱顶面的实际标高应与设计标高一致，其容许误差为±（5～8mm），柱高大于5m时为±8mm。柱身垂直容许误差当柱高≤5m时为±5mm；当柱高5～10m时，为±10mm；当柱高超过10m时，则为柱高的1/1000，但不得大于20mm。

①在柱基顶面投测柱列轴线：柱基拆模后，用经纬仪根据柱列轴线控制桩，将柱列轴线投测到杯口顶面上，如图9-8所示，并弹出墨线，用红漆画出"▶"标志，作为安装柱子时确定轴线的依据。如果柱列轴线不通过柱子的中心线，应在杯形基础顶面上加弹柱中心线。

用水准仪，在杯口内壁，测设一条一般为－0.600m的标高线（一般杯口顶面的标高为－0.500m），并画出"▼"标志，作为杯底找平的依据。

②柱身弹线：柱子安装前，应将每根柱子按轴线位置进行编号。如图9-9所示，在每根柱子的三个侧面弹出柱中心线，并在每条线的上端和下端近杯口处画出"▶"标志。根据牛腿面的设计标高，从牛腿面向下用钢尺量出－0.600m的标高线，并画出"▼"标志。

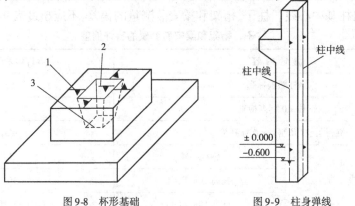

图9-8　杯形基础　　　　　　　图9-9　柱身弹线
1-柱中心线;2--60cm标高线;3-杯底

③杯底找平：先量出柱子的－0.600m标高线至柱底面的长度，再在相应的柱基杯口内，量出－0.600m标高线至杯底的高度，并进行比较，以确定杯底找平厚度，用水泥砂浆根据找平厚度，在杯底进行找平，使牛腿面符合设计标高。

④柱子的安装测量:柱子安装测量的目的是保证柱子平面和标高符合设计要求,柱身铅直。预制的钢筋混凝土柱子插入杯口后,应使柱子三面的中心线与杯口中心线对齐,用木楔或钢楔临时固定。柱子立稳后,立即用水准仪检测柱身上的±0.000m标高线,其容许误差为±3mm。如图9-10a)所示,用两台经纬仪分别安置在柱基纵、横轴线上,离柱子的距离不小于柱高的1.5倍,先用望远镜照准柱底的中心线标志,固定照准部后,再缓慢抬高望远镜观察柱子偏离十字丝竖丝的方向,指挥用钢丝绳拉直柱子,直至从两台经纬仪中,观测到的柱子中心线都与十字丝竖丝重合为止。

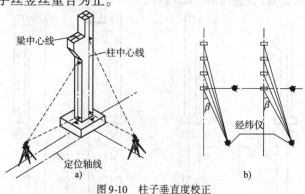

图9-10 柱子垂直度校正

在杯口与柱子的缝隙中浇入混凝土,以固定柱子的位置。在实际安装时,一般是一次把许多柱子都竖起来,然后进行垂直校正。这时,可把两台经纬仪分别安置在纵横轴线的一侧,一次可校正几根柱子,如图9-10b)所示,但仪器偏离轴线的角度应在15°以内。

⑤柱子安装测量的注意事项。所使用的经纬仪必须严格校正,操作时,应使照准部水准管气泡严格居中。校正时,除注意柱子垂直外,还应随时检查柱子中心线是否对准杯口柱列轴线标志,以防柱子安装就位后,产生水平偏差。在校正变截面的柱子时,经纬仪必须安置在柱列轴线上,以免产生差错。在日照下校正柱子的垂直度时,应考虑日照使柱顶向阴面弯曲的影响,为避免此种影响,宜在早晨或阴天校正。

(2)吊车梁安装测量

吊车梁安装测量主要是保证吊车梁中线位置和吊车梁的标高满足设计要求。

①吊车梁安装前的准备工作。在柱面上量出吊车梁顶面标高,根据柱子上的±0.000m标高线,用钢尺沿柱面向上量出吊车梁顶面设计标高线,作为调整吊车梁面标高的依据。在吊车梁上弹出梁的中心线,如图9-11所示,在吊车梁的顶面和两端面上,用墨线弹出梁的中心线,作为安装定位的依据。在牛腿面上弹出梁的中心线,根据厂房中心线,在牛腿面上投测出吊车梁的中心线,投测方法如下:

如图9-12a)所示,利用厂房中心线 A_1A_1,根据设计轨道间距,在地面上测设出吊车梁中心线(也是吊车轨道中心线)$A'A'$ 和 $B'B'$。在吊车梁中心线的一个端点 A'(或 B')上安置经纬仪,照准另一个端点 A'(或 B'),固定照准部,抬高望远镜,即可将吊车梁中心线投测到每根柱子的牛腿面上,并墨线弹出梁的中心线。

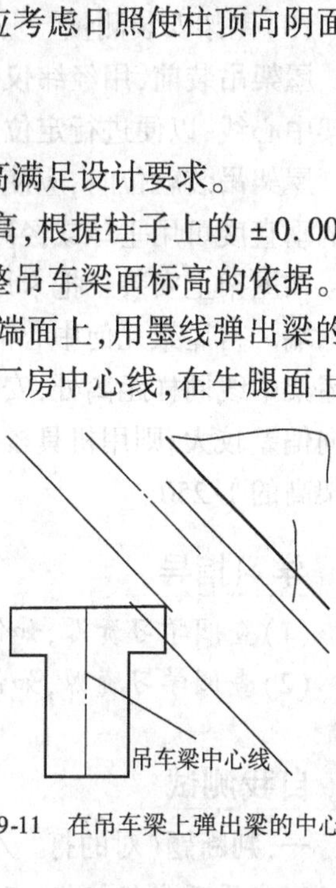

②吊车梁安装。吊车梁安装时,首先使吊车梁两端的梁中心线与牛腿面梁中心线重合,即吊车梁初步定位。然后采用平行线法,对吊车梁的中心线进行检测,检测与校正方法如下:

图9-11 在吊车梁上弹出梁的中心线

如图9-12b)所示,在地面上,从吊车梁中心线,向厂房中心线方向量出长度 a(1m),得到平行线 $A''A''$ 和 $B''B''$。在平行线一端点 A''(或 B'')上安置经纬仪,照准另一端点 A''(或 B''),固定照准部,抬高望远镜进行测量。此时,另外一人在梁上移动横放的木尺,当视线正对准尺上一米刻划线时,尺的零点应与梁面上的中心线重合。如不重合,可用撬杠移动吊车梁,使吊车梁中心线到 $A''A''$(或 $B''B''$)的间距等于1m为止。吊车梁安装就位后,先按柱面上定出的吊车梁设计标高线对吊车梁面进行调整,然后将水准仪安置在吊车梁上,每隔3m测一点高程,并与设计标高比较,误差应在3mm以内。

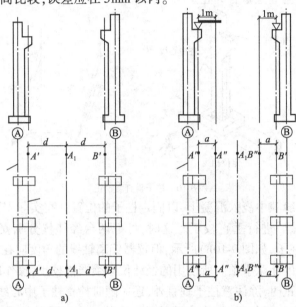

图9-12　吊车梁的安装测量

(3)屋架安装测量

屋架吊装前,用经纬仪或其他方法在柱顶面上,测设出屋架定位轴线。在屋架两端弹出屋架中心线,以便进行定位。

屋架吊装就位时,应使屋架的中心线与柱顶面上的定位轴线对准,容许误差为5mm。屋架的垂直度可用垂球或经纬仪进行检查。用经纬仪检校方法如下:

在屋架上安装三把卡尺,一把卡尺安装在屋架上弦中点附近,另外两把分别安装在屋架的两端。自屋架几何中心沿卡尺向外量出一定距离,一般为500mm,作出标志。在地面上,距屋架中线同样距离处,安置经纬仪,观测三把卡尺的标志是否在同一竖直面内,如果屋架竖向偏差较大,则用机具校正,最后将屋架固定。垂直度容许偏差为:薄腹梁为5mm;桁架为屋架高的1/250。

 学习指导

(1)查阅学习资源,如何用全站仪进行工业厂房柱基施工测量和吊车梁安装?

(2)查阅学习资源,如何用激光扫平仪控制工业厂房的标高?

 自我测试

一、判断题(对的打"√",错的打"×")

1.安置两台经纬仪,在两条互相垂直的柱列轴线控制桩上,沿轴线方向交会出各柱基的位置(即柱列轴线的交点),此项工作称为基础放线。   (   )

2.按照基础详图所注尺寸和基坑放坡宽度,用特制角尺,放出基坑开挖边界线,并撒出白灰线以便开挖,此项工作称为柱基定位。   (   )

3.将柱基顶面设计标高测设在模板内壁,作为浇灌混凝土的高度依据。   (   )

4.柱子安装前,在每根柱子的两个侧面弹出柱中心线。   (   )

5.柱子安装测量的目的是保证柱子平面和高程符合设计要求,柱身铅直。   (   )

6.柱子立稳后,用水准仪检测柱身上的±0.000m标高线,容许误差为±6mm。 (   )

7.如果柱列轴线不通过柱子的中心线,应在杯形基础顶面上加弹柱中心线。   (   )

8.仅柱身弹线,杯口不用弹线。   (   )

9.吊车梁的安装时,使吊车梁两端的梁中心线与牛腿面梁中心线重合。   (   )

二、选择题

1.可把两台经纬仪分别安置在纵横轴线的一侧,但仪器偏离轴线的角度,应在(   )以内。

    A.15°   B.20°   C.25°   D.30°

2.屋架吊装就位时,应使屋架的中心线与柱顶面上的定位轴线对准,容许误差为(   )。

    A.5mm   B.12mm   C.10mm   D.3mm

3.如果屋架竖向偏差较大,则用机具校正,最后将屋架固定。垂直度容许偏差:薄腹梁为____;桁架为屋架高的____。(   )

    A.10mm 1/250 B.5mm 1/500   C.5mm 1/250   D.10mm 1/500

实训任务9.4　建筑物轴线测设

实训内容

根据指导教师提供的控制点坐标值和建筑物轴线交点坐标值,在实训前完成放样数据计算;以小组为单位,按经纬仪极坐标法现场完成建筑物轴线测设,并检测放样点之间的距离和角度是否满足设计要求。

实训条件

每组配DJ$_6$级光学经纬仪或电子经纬仪一台、花杆1根、测钎1根、钢卷尺1把、粉笔若干,自备铅笔和计算纸张。

实训程序

(1)提供测量坐标:由指导教师在现场提供已知坐标点的位置,并提供测量坐标数据。

(2)计算放样数据:根据施工测量放样的已知资料分组计算放样的数据。

(3)实地放样:学生以小组为单位在现场按极坐标法进行建筑物的轴线测设。

(4)检测:检测放样点之间的距离和角度是否满足设计要求。

实训目标

(1)掌握施工放样数据的计算方法。

(2)掌握使用经纬仪进行角度和距离测设的操作方法和检查方法。

9.4.1　教学说明——建筑物轴线测设实训

（1）指导教师为各实训小组提供不同的建筑物轴线交点设计坐标（如图 9-13 中 C、D 点），小组成员参照实训步骤中的计算实例在实训前完成放样数据计算。

（2）放样过程中，每一步均应检核。未经检核，不得进行下一步操作。

（3）放样过程中，测设角度均采用正倒镜分中法，测设距离均采用往返测求平均的方法。

（4）对于民用建筑物的施工测量，首先应根据总平面图上所给出的建筑物设计位置进行定位。

（5）把建筑物的墙轴线交点标定在地面上，然后再根据这些交点进行详细放样。

（6）注意拉钢尺测设细部轴线时应拉通尺，也就是所有在一条主轴线上的点应进行累加，而不每段分开测设，这样可以避免误差的积累。

（7）轴线测设完毕，还应该注意要把主轴线引到基坑开挖线以外，以防施工破坏。

9.4.2　任务实施——建筑物轴线测设实训

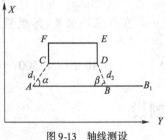

图 9-13　轴线测设

（1）放样数据的计算

步骤描述：

①施工放样的已知资料。如图 9-13 所示，小组在平坦开阔的场地上选择相约为 40～50m 的两点 A、B_1，假定 AB_1 的方向与坐标横轴相同，在 AB_1 上从 A 点起量取线段 $AB = 28.500$m，确定 B 点，假设以 AB 为控制点测设某建筑物的轴线交点 $CDEF$，已知 $DE = CF = 8.400$m，A、B、C、D 点的坐标值见表 9-5。

已知点的坐标值　　　　　　　　　　　　　表 9-5

已知控制点坐标			已知轴线交点坐标		
点号	X	Y	点号	X	Y
A	106.400	260.130	C	118.600	267.230
B	106.400	288.630	D	121.600	287.330

②放样数据的计算。在 A 点设测站，极坐标法放样 C 点的放样数据为 d_1 和 α；同理计算在 B 点设站放样 D 点的放样数据为 d_2 和 β。将放样数据填入表 9-6 中。

$$d_1 = \sqrt{(x_C - x_A)^2 + (y_C - y_A)^2} = \sqrt{(118.600 - 106.400)^2 + (267.230 - 260.130)^2}$$
$$\approx 14.116\text{m}$$

$$\alpha = \alpha_{AB} - \alpha_{AC} = 90° - \arctan\frac{267.230 - 260.130}{118.600 - 106.400} \approx 59°48'07''$$

$$d_{21} = \sqrt{(x_{DC} - x_B)^2 + (y_D - y_B)^2} = \sqrt{(121.600 - 106.400)^2 + (287.330 - 288.630)^2}$$
$$\approx 15.255\text{m}$$

$$\beta = \alpha_{BD} - \alpha_{BA} = \arctan\frac{287.330 - 288.630}{121.600 - 106.400} - 270° \approx 85°06'42''$$

边	ΔX(m)	ΔY(m)	平距 D(m)	方位角 α	测设角度
AB	0	28.500	28.500	90°	$\alpha = 59°48'07''$
AC	12.000	7.100	14.116	30°11′53″	
BD	15.200	−1.300	15.255	355°06′42″	$\beta = 85°06'42''$
BA	0	−28.500	28.500	270°	

（2）轴线测设

①在 A 点安置经纬仪，盘左位置照准 B 点，将水平度盘读数配置为测设角度 α，转动照准部使水平度盘读数为0°时即为测设方向，沿视线方向用钢尺采用往返测的方法量平距 d_1 在地面上定出 C' 点，同理用盘右位置测设角度 α 和平距 d_1 在地面上定出 C'' 点，取 C' 和 C'' 的中点 C 即为轴线点 C 的测设位置。

②在 B 点设测站，同法测设出 D 点。不同之处是测设角度 β 时，应先照准 A 点，水平度盘配置为 $0°00'00''$，再顺时针转到 β 角时即为测设方向。

③用钢尺往返丈量 CD，丈量值与设计值的相对误差应小于 1/3000。若不满足精度要求，则应重新测量。检核记录计算填入表9-7中。

轴 线 测 设 资 料 表9-7

边	设计边长 D(m)	丈量边长 D'(m)	相对误差 $\Delta D/D$
CD	20.323		
EF	20.323		
CE 或 DF	21.990		

④在 C 点设测站，测设直角，在直角方向上向上测设距离 $CF = 8.400$m，得到 F 点（正倒镜分中往返测），用钢尺量 DF 与设计值相对误差小于 1/3000，检核记录计算填入表9-7中。

⑤在 D 点设测站，按照上一步骤中相同的方法测设并检查 E 点，用钢尺量 EF 与设计值相对误差小于 1/3000，检核记录计算填入表9-7中。

学习单元 10　水利工程测量

学习模块

学习模块 10.1　水下地形测量

学习模块 10.2　土坝的施工测量

学习模块 10.3　混凝土坝的施工测量

水利工程测量描述

　　水是一切生命之源,也是人类社会与经济发展的基础。人类在与自然界的共处中,逐步摸索出治水、利水的天工开物,那就是水利工程。水利工程是人类谋生的物质手段,也是生产斗争的产物。水利工程一般指为调配和利用水资源而修建的,以达到兴利目的而修建的工程,具有防洪、灌溉、排涝、发电、航运等多项功能。由若干水工建筑物组成的一个整体称为水利枢纽,其主要组成部分有:拦河大坝、电站、水闸、输水涵洞、溢洪道等。拦河大坝是重要的水工建筑物,按坝型分为土坝、堆石坝、重力坝及拱坝等。

　　水利工程测量是指在水利工程规划设计、施工建设和管理各阶段所进行的测量工作。其主要工作内容有:平面、高程控制测量、地形测量(包括水下地形测量)、纵横断面测量、定线和放样测量、变形观测等。在规划设计阶段的测量工作主要包括:为水利枢纽地区引水、排水、推估洪水以及了解河道冲淤情况等提供大比例尺地形图(包括水下地形);还有其他诸如路线测量、纵横断面测量、渠系和堤线测量等。在施工建设阶段的测量工作主要包括:布设各类施工控制网测量,各种水工构筑物的施工放样测量,竣工测量等。在运行管理阶段的测量工作主要包括:水工建筑物投入运行后发生沉降、位移、渗漏、挠曲等变形测量,库区淤积测量等。

　　水利工程测量的主要工作内容较多,但是与其他专业工程测量的工作内容相比较,有些测量工作基本上类似,如河道、渠道测量步骤和方法与道路测量大致相同,因此结合水利工程的特点,可以总结出水利工程测量学习的主要内容为:

　　(1)阅读学习资源中有关水下地形测量的内容,熟悉用等高线表示水下地形的测绘方法。

　　(2)阅读学习资源中有关土坝和混凝土坝施工测量的内容,熟悉土坝和混凝土坝的控制测量和施工放样测量的方法。

学习模块 10.1　水下地形测量

学习资源

　　(1)所用教材相关内容。

(2)教师推荐的学习资源。

(3)精品课程网络资源及有关学习课件。

(4)图书馆有关水下地形测量方面的资料。

(5)《国际海道测量规范》(GB 12327—1998)。

(6)《海洋工程地形测量规范》(GB 17501—2012)。

(7)《水运工程测量规范》(JTS 131—2012)。

学习要点

(1)水位观测目的和方法。

(2)测深的仪器设备。

(3)水下地形点的布设方法。

(4)水下地形的施测方法。

10.1.1　水位观测与测深设备

在水利与航运工程建设中,除测绘陆上地形外,还需测绘河道、海洋与湖泊的水下地形。水下地形有两种表示方法:一是用航运基准面为基准的等深线表示的航道图,以显示河道的深浅与暗礁、浅滩、深潭、深槽等水下地形情况;二是用与陆上高程一致的等高线表示的水下地形图。我们主要学习用等高线表示水下地形的测绘方法。

测量水面以下的河底地形,是根据陆地上布设的控制点,利用船艇航行在水面上,测定河底地形点(也称水下地形点或简称测深点)的水深(获得高程)和平面位置来实现的。其主要测量工作包括水位观测、测深及定位等。

(1)水位观测

水下地形点的高程是以测深时的水面高程(称为水位)减去水深求得的。因此,在测深的同时,必须进行水位观测。观测水位采用设置水尺,定时读取水面在水尺上截取读数的方法。水尺一般用搪瓷制成,长1m,尺面刻画与水准尺相同。设置水尺时,先在岸边水中打入木桩,然后在桩侧钉上水尺,再根据已知水准点接测水尺零点的高程(图10-1)。观测水位应按时读取水面截在水尺上的读数,即可算得水位 = 水尺零点高程 + 水尺读数。

(2)测深设备

①测深杆与测深锤。

测深杆用松木制成,直径为 4 ~ 5cm,杆长为4~6m。杆的表面以分米为间隔,涂以红白或黑白漆,并注有数字。杆底装有铁垫,重 0.5 ~ 1.0kg,可避免测深时杆底陷入泥沙中影响测量精度。一般适用于水深小于5m且流速不大的河道。

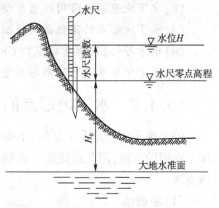

图 10-1　水位观测

测深锤由铅砣和砣绳组成。它的重量视流速而定。砣绳最长10m左右,以分米为间隔,系有不同标志,适用于水深2~10m,流速小于1m/s的河道。

②回声测深仪。

测深仪是船载电子测深设备,回声测深仪的基本原理是,利用装在离船首约1/3船长处

153

的发射换能器 S 将超声波发射到河底,再由河底反射到接收换能器 E,由所经过的时间 t 及声波在水中的传播速度 v 来计算水深。从图 10-2 中可以看出 $h = h_0 + h'$。

用回声测深仪测量水深时,测得的水深能直接在指示器或记录器上自动显示或记录下来。图 10-3 为圆弧式记录器的示意图,图 10-3 中的零线为发射换能器的水深线,它与标尺上零刻划线间的间隔就是发射换能器到水面的距离 h',见图 10-2,其值是固定的,施测时可预先在记录器上调整好。图中弯曲的痕迹为河底线。测深定位时,按下定位钮,纸上立即出现一条测深定位线,通过标尺可在定位线处直接读出水深 h。除上述模拟方式记录外,现有许多测深仪是用直接数字方式记录的。

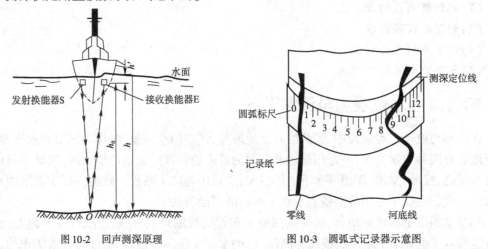

图 10-2　回声测深原理　　　　图 10-3　圆弧式记录器示意图

回声测深仪适用范围较广,最小测深为 0.5m,最大可测深 500m,在流速达 7m/s 时还能应用。它具有精度高、速度快的优点。

讨论问题

(1)水下地形测量为什么要进行水位观测?

(2)水下地形测绘所用仪器有哪些? 各自的作用是什么?

(3)水下地形点的高程是怎样测定的?

(4)请学习《海道测量规范》(GB 12327—1998),总结对深度测量的要求。

(5)参考学习资源总结水深测量的主要技术标准及其精度要求。

10.1.2　水下地形点的布设

因为水下地形是看不见的,不能用选择地形特征点的方法进行测量,而是利用船艇在水面上探测的方法,因此必须按一定的形式布设适当数量的地形点。布设的方法有断面法与散点法。

(1)断面法

在河道横向上每隔一定距离(一般规定为图上 1~2cm)布设断面,在每一断面上,船艇由河岸的一端沿断面方向向对岸行驶,隔一定距离(图上 0.6~0.8cm)施测一点。

布设的断面一般应与河道流向垂直(见图 10-4 中的 AB 河段)。河道弯曲处,一般布设成辐射线的形式(见图 10-4 中的 CD 河段),辐射线的交角 α 按下式计算:

$$\alpha = 57.0° \times S/m \tag{10-1}$$

式中:S——辐射线的最大间距;

　　m——扇形中心点至河岸的距离,可用比例尺在图上量得。

　　对流速大的险滩或可能有礁石、沙洲的河段、测深断面可布设成与流向成45°的方向(见图10-4中的 EF 河段)。

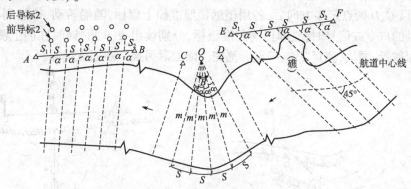

图10-4　测深断面法布设

（2）散点法

　　当在河面窄、流速大、险滩礁石多、水位变化悬殊的河流中测深时,要求船艇在流向垂直的方向上行驶是极为困难的,这时船艇可斜航。如图10-5所示,测船由1点向对岸2点斜航时,隔一定间距进行测深,由2点又向左岸9点斜航测深,再沿左岸行驶至3点,又转向4点斜航测深。如此连续进行,形成散点。

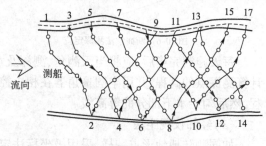

图10-5　散点法布设

　　水下地形点愈密,愈能真实地显示出水下地形的变化情况,测量时应按测图的要求、比例尺的大小及河道水下地形情况考虑布设:一般河道纵向可稍稀,横向宜密;岸边宜稍密,中间可稍稀,在水下地形变化复杂或有水工建筑物地区,点距应适当缩短。

讨论问题

　　（1）试总结水下地形测量地形点选择与陆地上地形点的区别。

　　（2）水下地形点布设疏密程度应如何考虑?原因是什么?

　　（3）如何检查测深与定位是否存在系统误差或粗差?

10.1.3　水下地形测量施测方法

　　在具体施测的时候,可以采用以下5种方法进行水下地形测量。

　　（1）断面索法

　　图10-6为断面索法测深定位的示意图。通过岸上控制点 A,沿某一方向(与河道流向垂直的方向)架设断面索。测定它与控制边 AB 的夹角 α,量出水边线到 A 点的距离,并测得水边的高程求得水位;而后从水边开始,小船沿断面索行驶,按一定间距用测深杆或水砣,逐点测定水深,这样可在图纸上根据控制边 AB 和断面索的夹角以及测深点的间距标定各点的位置和高程(测深点的高程＝水位－水深)。

此法用于小河道的测深定位简单方便。缺点是施测时会阻碍其他船只正常航行。

(2)经纬仪前方交会测深定位法

经纬仪前方交会测深定位法是用角度交会法定出测船在某位置测深时测深点的平面位置。施测时,测船沿断面导标所指方向航行(图10-7),可在 A、B 两控制点上各安置一架经纬仪,分别以 C、D 两点定零方向后,各用望远镜照准船上旗标,随船转动,待船到 1 点,当船上发出测量的口令或信号时,立即正确照准旗标,分别读出 α、β 角,同时在船上测深。测船继续沿断面航行,同法,测量 2、3、…点。测完一断面后另换一断面继续施测。

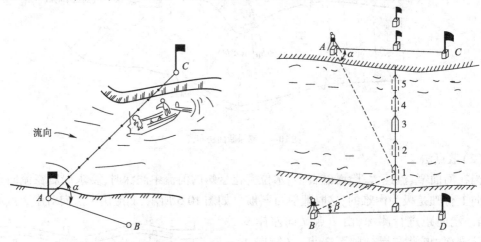

图10-6　断面索法测深定位　　　　　　　　图10-7　经纬仪交会测深定位

每天施测完毕后,应将当天测角、测深及水位观测记录汇总。根据观测水位与水深逐点计算测深点的高程,并用半圆量角器在相应控制点上交会出各测深点的位置,注上各点的高程,然后勾绘水下部分的等高线。

(3)经纬仪视距法

如同测陆地地形点一样,采用极坐标法定位灵活方便,当测船沿断面方向驶到一定位置需测水深时,即将船稳住,竖立水准尺,用视距测量方法测定其距离,可即时展点上图,随测随绘。但应根据不同测图比例尺,严格控制视距长度,而且要求水流平缓、船速较慢,才能读准位于测船上的标尺,因此,仅限于小测区范围使用。

(4)全站仪定位法

在岸上用全站仪跟踪安装在测量船上的全向反光棱镜(若无此条件,可由一人手持单向棱镜,随时对准测站,效果相同),得到棱镜点的坐标,解析法上图。其定位精度大为提高,此外,只要在测距仪的有效测程内并互相通视的情形下,就可施测。这就大大减少了布设更多控制点的工作量,减少了搬站次数,也减少了前方交会法存在的盲区,投入的人力、仪器也少多了。这种方法在沿海地区测量更显优势,一般只要在海岸边和岛屿上设少量站点即可完成一大片海域水深点定位工作。

(5)GPS 测深定位

GPS 主要完成水上的定位和导航,现有的差分型 GPS 接收机,如采用伪距差分方式,一般情况定位精度为 1～5m,考虑船体姿态等因素的影响,定位精度在 7～10m 范围内,可满足1:10000 水下地形测量要求,如采用载波相位差分定位方式,定位精度优于 1m,一般情况可满足1:2000 水下地形测绘,对于比例尺大于 1:2000 的水下地形测绘,须采用双频接收机采用差分后处理技术,使定位精度达到 10～20cm。

大面积水域的水下地形测绘,目前均采用 GPS 作业方式进行,船载 GPS + 测深仪 + 测图软件的组合模式,使水下地形的测绘快速方便,实现自动化成图。

作业时采用"1 + 1"(1 台基准站,1 台流动站)方式,应用 GPS 和导航软件对测深船进行定位,并指导测深船在指定测量断面上航行,导航软件和测深系统每隔一个时间段自动记录观测数据,并进行验证潮位输出,测量获得的地形数据点经处理后通过测图软件得到相应比例尺的水下地形图。

 讨论问题

(1)总结 5 种水下地形测量施测方法的优缺点。

(2)水下地形测量施测方法的适用条件有哪些?

自我测试

一、判断题(对的打"√",错的打"×")

1. 水下地形点的高程是以测深时的水面高程减去水深求得的。 (　　)

2. 水下地形点的选择方法与陆地地形点的选择方法相同。 (　　)

3. 采用断面法布设水下地形点时,断面一般应与河道流向一致。 (　　)

二、选择题

1. 下列设备可以作为水下地形测量测深设备的有(　　)。

A. 测深杆　　　　　　B. 塔尺　　　　　　C. 双面尺　　　　　　D. 回声测深仪

2. 水下地形点的布设方法有(　　)。

A. 断面法　　　　　　B. 散点法　　　　　　C. 交会法　　　　　　D. 三角网法

3. 采用 GPS 技术进行水下地形测量时,GPS 的作用是(　　)。

A. 测深　　　　　　　B. 定位　　　　　　　C. 导航　　　　　　　D. 量距

4. 水深测量的精度主要由测点的(　　)决定。

A. 测深精度　　　　　B. 定位精度　　　　　C. 测角精度　　　　　D. 测距精度

5. 测线布设时应顾及的问题有(　　)。

A. 测线间距　　　　　B. 测线方向　　　　　C. 定位精度　　　　　D. 测角精度

学习模块 10.2　　土坝的施工测量

 学习资源

(1)所用教材相关内容。

(2)教师推荐的学习资源。

(3)精品课程网络资源及有关学习课件。

(4)《水利水电工程施工测量规范》(SL 52—93)

(5)图书馆有关土坝施工测量方面的资料。

学习要点

(1)土坝坝轴线的确定方法。

(2)坝身控制线的测设方法。

(3)土坝坡脚线的放样方法。

(4)土坝边坡的放样方法。

10.2.1 土坝坝轴线的确定

土坝是一种较为普遍的坝型。我国修建的数以万计的各类坝中,土坝约占90%以上。根据土料在坝体的分布及其结构的不同,其类型又有多种。图10-8是一种黏土心墙坝的结构示意图。

土坝的控制测量是首先根据基本网确定坝轴线,然后以坝轴线为依据布设坝身控制网以控制坝体细部的放样。

坝轴线即坝顶中心线,一般先由设计图纸量得轴线两端点的坐标值,反算出它们与附近施工控制网中的已知点的方位角,用角度(方向)交会法,测设其地面位置。

对于中小型土坝的坝轴线,一般是由工程设计人员和勘测人员组成选线小组,深入现场进行实地踏勘,根据当地的地形、地质和建筑材料等条件,经过方案比较,直接在现场选定。对于大型土坝以及与混凝土坝衔接的土质副坝,一般经过现场踏勘,图上规划等多次调查研究和方案比较,确定建坝位置,并在坝址地形图上结合枢纽的整体布置,将坝轴线标于地形图上,如图10-9中的M_1、M_2。如果采用经纬仪放样,为了将图上设计好的坝轴线标定在实地上,一般可根据预先建立的施工控制网用角度交会法将M_1、M_2测设到地面上。放样时,先根据控制点A、B、C的坐标和坝轴线两端点M_1、M_2的设计坐标算出交会角β_1、β_2、β_3和γ_1、γ_2、γ_3,然后安置经纬仪于A、B、C点,测设交会角,用三个方向进行交会,在实地定出M_1、M_2。如果采用全站仪极坐标法放样,先将测站点数据和放样点数据传输至全站仪,然后在某一控制点上安置全站仪,后视另一控制点,调用放样程序放样M_1、M_2。坝轴线的两端点在现场标定后,应用永久性标志标明。为了防止施工时端点被破坏,应将坝轴线的端点延长到两面山坡上,如图10-9中的M'_1、M'_2。

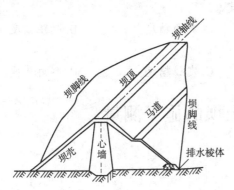

图10-8 黏土心墙坝结构示意图

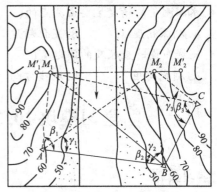

图10-9 角度交会法测设坝轴线示意图

讨论问题

土坝的控制测量为什么首先要将坝轴线标定在实地上?

10.2.2 土坝坝身控制线的测设

坝身控制线是与坝轴线平行和垂直的一些控制线。坝身控制线的测设,需将围堰的水排尽后,清理基础前进行。

（1）平行于坝轴线的控制线的测设

平行于坝轴线的控制线可布设在坝顶上下游线、上下游坡面变化及下游马道中线处，也可按一定间隔布设（如 10m、20m、30m 等），以便控制坝体的填筑和进行土石方计算。

测设平行于坝轴线的控制线时，分别在坝轴线的端点 M_1、M_2 安置经纬仪，照准后视点，旋转 90°各作一条垂直于坝轴线的横向基准线（图 10-10），然后沿此基准线量取各平行控制线距坝轴线的距离，得各平行线的位置，用方向桩在实地标定。也可以用全站仪按确定坝轴线的方法放样。

（2）垂直于坝轴线的控制线的测设

垂直于坝轴线的控制线，一般按 50m、30m 或 20m 的间距以里程来测设，其步骤如下。

①沿坝轴线测设里程桩。在坝轴线一端（图 10-10 中的 M_1）附近，测设出在轴线上设计坝顶与地面的交点，作为零号桩，其桩号为 0+000。方法是：在 M_1 安置经纬仪，照准另一端点 M_2 得坝轴线方向；用高程放样的方法，在坝轴线上找到一个地面高程等于坝顶高程的点，这个点即为零号桩点。然后由零号桩起，由经纬仪定线，沿坝轴线方向按选定的间距（图 10-10 中为 30m）丈量距离，顺序打下 0+030、0+060、0+090 等里程桩，直至另一端坝顶与地面的交点为止。

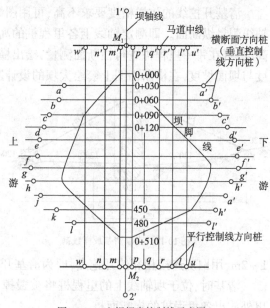

图 10-10　土坝坝身控制线示意图

②测设垂直于坝轴线的控制线。将经纬仪安置在里程桩上，照准 M_1 或 M_2 旋转照准部 90°即定出垂直于坝轴线的一系列平行线，并在上下游施工范围以外用方向桩标定在实地上，作为测量横断面和放样的依据，这些桩亦称横断面方向桩（图 10-10）。

讨论问题

为什么要测设坝身控制线？如何测设？

10.2.3　高程控制网的建立

用于土坝施工放样的高程控制，可由若干永久性水准点组成基本网和临时作业水准点两级布设。基本网布设在施工范围以外，并应与国家水准点连测，组成闭合或附合水准路线（图 10-11），用三等或四等水准测量的方法施测。

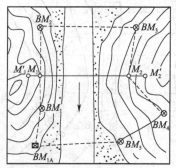

图 10-11　土坝高程基本网

临时水准点直接用于坝体的高程放样，布置在施工范围以内不同高度的地方，并尽可能做到安置一、二次仪器就能放样高程。临时水准点应根据施工进程及时设置，附合到永久水准点上。一般按四等或五等水准测量的方法施测，并应根据永久水准点定期进行检测。在精度要求不是很高时，也可以应用全站仪进行三角高程放样。

如何布设土坝施工放样的高程控制网?

10.2.4 土坝清基开挖放样

为使坝体与岩基很好结合,在坝体施工前,必须对基础进行清理。为此,应放出清基开挖线,即坝体与原地面的交线。

清基开挖线的放样精度要求不高,可用图解法求得放样数据在现场放样。为此,先沿坝轴线测量纵断面。即测定轴线上各里程桩的高程,绘出纵断面图,求出各里程桩的中心填土高度,再在每一里程桩进行横断面测量,绘出横断面图,最后根据里程桩的高程、中心填土高度与坝面坡度,在横断面图上套绘大坝的设计断面(图10-12)。

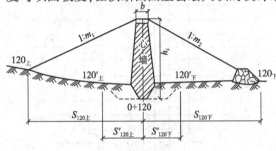

图 10-12 土坝清基放样数据

根据横断面图上套绘的大坝设计断面,图10-12 为里程桩 0 + 120 处横断面的情况,由坝轴线分别向上、下游量取 $S_{120上}$、$S_{120下}$ 得 120上、120下 为坝壳上下游清基开挖点,量 $S'_{120上}$、$S'_{120下}$ 得 120'上、120'下 为心墙上下游清基开挖点。因清基有一定的深度,开挖时要有一定的边坡,故实际开挖线应根据地面情况和深度向外适当放宽 1 ~ 2m,用白灰连接相邻的开挖点,即为清基开挖线。

清基时,位于坝轴线上的里程桩将被毁掉,为了以后放样工作的需要,应在清基开挖线以外放出各里程桩的横断面桩。

10.2.5 土坝的坡脚线放样

清基以后应放出坡脚线,以便填筑坝体。坝底与清基后地面的交线即为坡脚线,下面介绍两种放样方法。

(1)横断面法

仍用图解法获得放样数据。由于清基时里程桩受到了破坏,所以应先恢复轴线上的所有里程桩,然后进行纵横断面测量,绘出清基后的横断面图,套绘土坝设计断面,获得类似图10-12 的坝体与清基后地面的交点 120上、120下(上下游坡脚点),$S_{120上}$、$S_{120下}$ 即分别为该断面上、下游坡脚点的放样数据。在实地将这些点标定出来,分别连接上下游坡脚点即得上下游坡脚线,如图10-13 虚线所示。

(2)平行线法

这种方法以不同高程坝坡面与地面的交点获得坡脚线。在地形图的应用中,介绍在地形图上确定土坝的坡脚线,是用已知高程的坝坡面(为一条平行于坝轴线的直线),求得它与坝轴线间的距离,获得坡脚点。平行

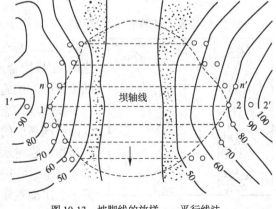

图 10-13 坡脚线的放样——平行线法

线法测设坡脚线的原理与此相同,不同的是由距离（平行控制线与坝轴线的间距为已知）求高程（坝坡面的高程）,而后在平行控制线方向上用高程放样的方法,定出坡脚点。如图 10-13 所示,nn' 为坝身平行控制线,距坝顶边线 25m,若坝顶高程为 80m,边坡为 1:2.5,则 nn' 控制线与坝坡面相交的高程为 $80 - 25 \times \dfrac{1}{2.5} = 70$m。放样时在 n 点安置经纬仪,照准 n' 定出控制线方向,用水准仪在方向线上探测高程为 70m 的地面点,就是所求的坡脚点。连接各坡脚点即得坡脚线。如果应用全站仪放样,同样在 n 点安置全站仪,照准 n' 定出控制线方向,直接应用全站仪进行探测高程即可。

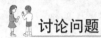 **讨论问题**

土坝坡脚线放样方法的适用条件有哪些?

10.2.6　土坝的边坡放样与坡面修整

（1）边坡放样

坝体坡脚放出后,就可填土筑坝,为了标明上料填土的界线,每当坝体升高 1m 左右,就要用桩（称为上料桩）将边坡的位置标定出来。标定上料桩的工作称为边坡放样。

放样前先要确定上料桩至坝轴线的水平距离（坝轴距）。由于坝面有一定坡度,随着坝体的升高坝轴距将逐渐减小,故预先要根据坝体的设计数据算出坡面上不同高程的坝轴距,为了使经过压实和修理后的坝坡面恰好是设计的坡面,一般应加宽 1~2m 填筑。上料桩就应标定在加宽的边坡线上（图 10-14 中的虚线处）。因此,各上料桩的坝轴距比按设计所算数值要大 1~2m,并将其编成放样数据表,供放样时使用。

放样时,一般在填土处以外预先埋设轴距杆,如图 10-14 所示。轴距杆距坝轴线的距离主要考虑便于量距和放样,如图中为 55.0m。为了放出上料桩,则先用水准仪测出坡面边沿处的高程,根据此高程从放样数据表中查得坝轴距,设为 53.5m,此时,从坝轴杆向坝轴线方向量取 $55.0 - 53.5 = 1.5$m,即为上料桩的位置。当坝体逐渐升高,轴距杆的位置不便应用时,可将其向里移动,以方便放样。

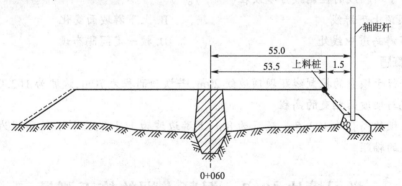

图 10-14　土坝边坡放样示意图（尺寸单位:m）

（2）坡面修整

大坝填筑至一定高度且坡面压实后,还要进行坡面的修整,使其符合设计要求。此时可用水准仪或经纬仪按测设坡度线的方法求得修坡量（削坡或回填度）。如将经纬仪安置在坡顶（若设站点的实测高程与设计高程相等）,依据坝坡比（如 1:2.5）算出的边坡倾角 α（即 $21°48'$）向下倾斜得到平行于设计边线的视线,然后沿斜坡竖立标尺,读取中丝读数 s,用

仪器高 i 减去 s 即得修坡量（图10-15）。若设站点的实测高程 $H_测$ 与设计高程 $H_设$ 不等，则按下式计算修坡量 Δh，即

$$\Delta h = (i - s) + (H_测 - H_设) \tag{10-2}$$

为便于对坡面进行修整，一般沿斜坡观测 3 ~ 4 个点，求得修坡量，以此作为修坡的依据。

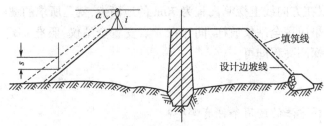

图 10-15　坡面修整放样示意图（尺寸单位：m）

思考问题

请考虑土坝边坡放样和坡面修正的原因。

自我测试

一、判断题（对的打"√"，错的打"×"）

1. 坝身控制线是与坝轴线平行和垂直的一些控制线。　　　　　　　　　　（　　　）

2. 坝体与原地面的交线为坡脚线。　　　　　　　　　　　　　　　　　　（　　　）

3. 坝底与清基后地面的交线为清基开挖线。　　　　　　　　　　　　　　（　　　）

4. 清基开挖线的放样精度要求不高，可用图解法求得放样数据在现场放样。（　　　）

二、选择题

1. 土坝坡脚线的放样方法有（　　　　）。

　　A. 横断面法　　　　　　B. 平行线法　　　　　　C. 角度交会法　　　　　　D. 导线法

2. 平行于坝轴线的控制线可布设在（　　　　）。

　　A. 坝顶上下游线　　　　　　　　　　　　B. 上下游坡面变化

　　C. 下游马道中线处　　　　　　　　　　　D. 按一定间隔布设

三、计算题

1. 某平行于坝身的控制线距坝顶边线20m，若坝顶高程为70m，边坡为1：2.0，试计算该坝身控制线与坝坡面相交的高程。

2. 某土坝的高程为102.5m，顶宽为8m，上游边坡为1：3.0，上料层的高程为80.0m，试计算上料桩的轴距。

学习模块 10.3　混凝土坝的施工测量

学习资源

（1）所用教材相关内容。

（2）教师推荐的学习资源。

(3)精品课程网络资源及有关学习课件。

(4)《水利水电工程施工测量规范》(SL 52—93)

(5)图书馆有关混凝坝施工测量方面的资料。

学习要点

(1)混凝土重力坝的控制测量的方法。

(2)直线形重力坝的坡脚线放样方法。

(3)直线形重力坝的立模放样方法。

10.3.1 混凝土重力坝的控制测量

混凝土坝按其结构和建筑材料相对土坝来说较为复杂,其放样精度比土坝要求高。图 10-16a)为混凝土重力坝的示意图,它的施工放样包括:坝轴线的测设、坝体控制测量、清基开挖线的放样和坝体立模放样等几项内容。现以直线形混凝土重力坝为例介绍如下。

(1)基本平面控制网

平面控制网的等级及布设密度,应根据工程规模及建筑物对放样点位的精度要求确定。平面控制测量可采用测角网、测边网、边角网或相应等级的光电测距导线网。平面控制网的布设梯级,可以根据地形条件及放样需要决定,以 1~2 级为宜。但无论采用何种梯级布网,其最末平面控制点相对于同级起始点或相邻高一级控制点的点位中误差不应大于 ±10mm。

(2)坝轴线的测设

混凝土坝轴线是坝体与其他附属建筑物放样的依据,它的位置是否正确,直接影响建筑物各部分的位置。一般先在图纸上设计坝轴线的位置,然后根据图纸上量出的数据,计算出两端点的坐标以及和附近三角点之间的关系,在现场用交会法测设坝轴线两端点,如图 10-16b)中的 A 和 B。为了防止施工时受到破坏,需将坝轴线两端点延长到两岸的山坡上,各定 1~2 点,分别埋桩用以检查端点的位置。

(3)坝体控制测量

混凝土坝的施工采取分层分块的方法,每浇筑一层一块就需要放样一次,因此,要建立坝体施工控制网,作为坝体放样的定线网。直线形混凝土重力坝其坝体施工控制网一般采用矩形网。

如图 10-16b),以坝轴线 AB 为基准,布设矩形网,它是由若干条平行和垂直于坝轴线的控制线所组成,格网的尺寸按施工分块的大小而定。

测设时,将经纬仪安置在 A 点,照准 B 点,在坝轴线上选甲、乙两点,通过这两点测设与坝轴线相垂直的方向线,由甲、乙两点开始,分别沿垂直方向按分块的宽度钉出 e、f 和 g、h、m 以及 e'、f' 和 g'、h'、m' 等点。最后将 ee'、ff'、gg'、hh' 及 mm' 等连线延伸到开挖区外,在两侧山坡上设置 Ⅰ、Ⅱ、…、Ⅴ 和 Ⅰ'、Ⅱ'、…、Ⅴ' 等放样控制点。然后在坝轴线方向上,按坝顶的高程,找出坝顶与地面相交的两点 Q 与 Q'(方法可参见土坝控制测量中坝身控制线的测设),再沿坝轴线按分块的长度钉出坝基点 2、3、…、10,通过这些点各测设与坝轴线相垂直的方向线,并将方向线延长到上、下游围堰上或山坡上,设置 1'、2'、…、11' 和 1″、2″、…、11″ 等放样控制点。

在测设矩形网的过程中,测设直角时须用盘左盘右取平均,丈量距离应细心校核,以免发生差错。

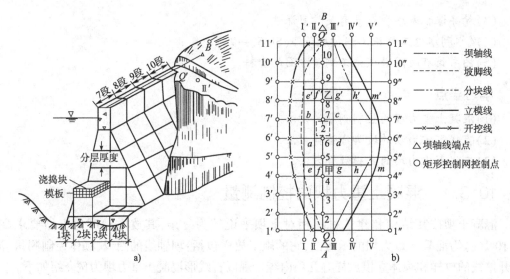

图 10-16　直线形混凝土重力坝的坝体控制

(4)高程控制

高程控制网的等级依次划分为二、三、四、五等。首级控制网的等级应根据工程规模、范围大小和放样精度确定。布设高程控制网时,首级控制网应布设成环形,加密时宜布设成附合路线或结点网。最末级高程控制点相对于首级高程控制点的高程中误差应不大于±10mm。作业水准点多布设在施工区内,应经常由基本水准点检测其高程,如有变化应及时改正。

❓思考问题

(1)如何测设混凝土坝坝轴线?

(2)如何建立坝体施工控制网?

10.3.2　混凝土重力坝的清基开挖与施工放样测量

(1)清基开挖线的放样

清基开挖线是确定对大坝基础进行清除基岩表层松散物的范围,它的位置根据坝两侧坡脚线、开挖深度和坡度决定。标定开挖线一般采用图解法。和土坝一样先沿坝轴线进行纵横断面测量绘出纵横断面图,由各横断面图上定坡脚点,获得坡脚线及开挖线如图10-16b)所示。

在清基开挖过程中,应控制开挖深度,在每次爆破后应及时在基坑内选择较低的岩面测定高程(精确到cm)并用红漆标明,以便施工人员掌握开挖情况。

(2)坡脚线放样

基础清理完毕,可以开始坝体的立模浇筑,立模前首先找出上、下游坝坡面与岩基的接触点,即分跨线上下游坡脚点。放样的方法很多,在此主要介绍逐步趋近法。

如图10-17中,欲放样上游坡脚点 a,可先从设计图上查得坡顶 B 的高程 H_B,坡顶距坝轴线的距离为 D,设计的上游面坡度为 $1:m$,为了在基础上标出 a 点,可先估计基础面的高程为 $H_{a'}$,则坡脚点距坝轴线的距离可按下式计算:

$$S_1 = D + (H_B - H_{a'})m \tag{10-3}$$

164

求得距离 S_1 后,可由坝轴线沿该断面量一段距离 S_1 得 a_1 点,用水准仪实测 a_1 点的高程 H_{a1},若 H_{a1} 与原估计的 H_a 相等,则 a_1 点即为坡脚点 a。否则应根据实测的 a_1 点的高程,再求距离得:

$$S_2 = D + (H_B - H_{a1})m \tag{10-4}$$

再从坝轴线起沿该断面量出 S_2 得 a_2 点,并实测 a_2 的高程,按上述方法继续进行,逐次接近,直至由量得的坡脚点到坝轴线间的距离,与计算所得距离之差在 1cm 以内时为止(一般作 3 次趋近即可达到精度要求)。同法可放出其他各坡脚点,连接上游(或下游)各相邻坡脚点,即得上游(或下游)坡面的坡脚线,据此即可按 $1:m$ 的坡度竖立坡面模板。

讨论问题

(1)如何进行直线形重力坝的坡脚线放样?

(2)除了逐步趋近法进行坡脚线放样外,还可以采用什么方法?

10.3.3　混凝土重力坝的坝体立模放样

在坝体分块立模时,应将分块线投影到基础面上或已浇好的坝块面上,模板架立在分块线上,因此分块线也叫立模线,但立模后立模线被覆盖,还要在立模线内侧弹出平行线,称为放样线[图 10-16b)中虚线所示],用来立模放样和检查校正模板位置。放样线与立模线之间的距离一般为 $0.2 \sim 0.5$m。

(1)方向线交会法

如图 10-16b)所示的混凝土重力坝,已按分块要求布设了矩形坝体控制网,可用方向线交会法,先测设立模线。如果要测设分块 2 的顶点 b 的位置,可在 7′安置经纬仪,照准 7″点,同时在 II 点安置经纬仪,照准 II′点,两架经纬仪视线的交点即为 b 的位置。在相应的控制点上,用同样的方法可交会出这分块的其他三个顶点的位置,得出分块 2 的立模线。利用分块的边长及对角线校核标定的点位,无误后在立模线内侧标定放样线的四个角顶,如图 10-16b)中分块 $abcd$ 内的虚线。

(2)前方交会(角度交会)法

如图 10-17 所示,由 A、B、C 三个控制点用前方交会法先测设某坝块的 4 个角点 d、e、f、g,它们的坐标由设计图纸上查得,从而与三个控制点的坐标可计算放样数据——交会角。如欲测设 g 点,可算出 β_1、β_2、β_3,便可在实地定出 g 点的位置。依次放出 d、e、f 各角点,也应用分块边长和对角线校核点位,无误后在立模线内侧标定放样的 4 个角点。

方向线交会法简易方便,放样速度也较快,但往往受到地形限制,或因坝体浇筑逐步升高,挡住方向线的视线而不便放样,因此实际工作中可根据条件把方向线交会法和角度交会法结合使用。

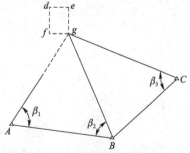

图 10-17　前方交会法立模放样图

(3)全站仪放样法

只需将控制点数据和放样点数据上传至全站仪,然后将全站仪安置在一个较理想的观测点上,后视另一个观测点确定方位角,然后调用放样程序即可顺序放样,这种方法快捷、方便、精度高,目前被广泛采用。

思考问题

(1)如何进行直线形重力坝的立模放样?

(2)几种立模放样方法的适用条件有哪些?

自我测试

一、判断题(对的打"√",错的打"×")

1.直线形混凝土重力坝的坝体施工控制网一般采用三角网。 (　　)

2.混凝土重力坝坡脚线放样一般采用逐步趋近法。 (　　)

3.由于立模后立模线被覆盖,因此还要在立模线外侧弹出放样线,用来立模放样和检查校正模板位置。 (　　)

4.在浇筑混凝土坝时,整个坝体是沿轴线方向划分成许多坝段的,而每一坝段在横向上又分成若干个坝块。 (　　)

5.清基开挖线是大坝基础进行清除基岩表层松散物的范围,它的位置根据坝两侧坡脚线、开挖深度和坡度决定。 (　　)

二、选择题

1.直线形混凝土重力坝立模放样的方法有(　　)。

　　A.方向线交会法　　B.平行线法　　　　C.角度交会法　　　　D.全站仪法

2.立模放样的方向线交会法需要安置(　　)台经纬仪。

　　A.2　　　　　　　B.3　　　　　　　　C.4　　　　　　　　D.5

3.混凝土坝施工放样的工作包括(　　)。

　　A.坝轴线的测设　　B.坝体控制测量　　C.清基开挖放样　　D.坝体立模

4.建立坝体施工控制网作为坝体放样的定线网,一般有(　　)。

　　A.矩形网　　　　　B.三角网　　　　　C.导线网　　　　　　D.多边形网

附录 A　拓普康 GTS—300 系列全站仪简要说明

A.1　仪器操作键及符号简介

(1)仪器屏幕及键盘布置(图 A.1)

图 A.1　拓普康 GTS—300 系列全站仪屏幕及键盘布置

(2)仪器屏幕显示的符号及其表示内容(表 A.1)

符号及其表示内容　　　　　　　　　　　　　　　表 A.1

显　示	内　容	显　示	内　容
V%	垂直角(坡度显示)	N	北向坐标(X)
HR	水平角(右角)	E	东向坐标(Y)
HL	水平角(左角)	Z	高程(H)
HD	平距	*	EDM(光电测距)进行中
VD	垂距	m	以米为单位
SD	斜距	f	以英尺为单位

　　拓普康 GTS—300 系列电子全站仪设有 F1 ~ F4 共 4 个软键,其功能信息实时显示在屏幕下方,按键即可实现相应功能。

(3)仪器各操作键的名称及功能(表 A.2)

拓普康 GTS—300 系列电子全站仪各操作键的名称及功能　　　表 A.2

操　作　键	名　称	功　能
★	星键	通过星键可以快捷地对倾斜改正状态、气象参数和棱镜常数等项目进行设置
⤢	坐标测量键	进入坐标测量模式
◿	距离测量键	进入距离测量模式
ANG	角度测量键	进入角度测量模式

操 作 键	名 称	功 能
POWER	电源键	开关机
MENU	菜单键	从常规测量模式进入菜单模式
ESC	退出键	退回到前一个显示屏或前一个模式
ENT	确认键	确认输入
F1 ~ F4	软键	对应于显示的软键功能信息

A.2 角 度 测 量

（1）仪器安置

用光学对中器或激光对点装置将全站仪安置在测站点上，对中和整平。

为了保证测量的精度，全站仪安装有倾斜传感器，能对仪器竖轴的倾斜给予补偿。在观测过程中，一旦仪器的倾斜程度超出了倾斜传感器的补偿范围，屏幕中会出现提示并拒绝继续测量。当在震动、大风等特殊环境下进行观测时，可以严格整平水准管气泡后关闭倾斜传感器进行低精度角度测量，具体操作方法是在★键模式或测角模式下将倾斜补偿功能关闭。

（2）进入测角模式

打开电源开关（POWER 键），一般即默认进入常规测量的测角模式。在其他测量模式下则可按［ANG］键切换为测角模式。

（3）水平角和竖直角测量

用望远镜照准观测目标，屏幕上直接显示水平度盘读数和竖直度盘读数，按正常观测程序进行水平角或竖直角测量即可。测角模式下部分软键的功能介绍如下：

①［R/L］功能：HR（水平度盘顺时针刻画模式下的读数）与 HL（水平度盘逆时针刻画模式下的读数）的切换，该功能与盘位（盘左、盘右）无关。

②［置零］功能：用于配置水平度盘读数为零。

③［置盘］功能：用于配置水平度盘读数为某一特定值，见表 A.3。

④［V%］功能：用于竖盘读数与坡度显示的切换。

水 平 度 盘 配 置　　　　　　　　　　　表 A.3

操 作 过 程	操　作	显　示
照准目标	照准	V : 90° 10′ 20″ HR: 170° 30′ 20″ 置零　锁定　置盘　P1↓
按［F3］（置盘）键	［F3］	水平角设置 HR: 输入　---　---　回车 ---　---　［CLR］　［ENT］
通过键盘输入所要求的水平 角值，如 70°40′20″	［F1］ 70.4020 ［F4］	V : 90 10′ 20″ HR: 70 40′ 20″ 置零　锁定　置盘　P1↓

A.3 距离测量

(1)进入测距模式

由其他测量模式按[▰]键即可进入距离测量模式。在测距模式下必须进行以下几项设置：

①棱镜常数值(PSM)：棱镜常数值可在距离测量模式或坐标测量模式下(见表A.4)直接选[S/A]功能进行输入，也可在★键模式下选[S/A]功能输入。

②大气改正值(PPM)：温度和气压可在距离测量模式或坐标测量模式下(见表A.4)直接选[S/A]功能进行输入，也可在★键模式下选[S/A]功能输入。

棱镜常数、温度和气压的输入 表A.4

操作过程	操 作	显 示
由距离测量或坐标测量模式，按[F3](S/A)键	[F3]	设置音响模式 PSM: 0.0PPM0.0 信号:[▮▮▮▮▮▮] 棱镜　PPM　T-P　…

(2)距离测量

通过[S/A]功能进行棱镜常数值和大气改正值的设置后，按[ESC]键返回测距界面，用望远镜照准目标棱镜，按测量键即可测得距离。根据测距精度和观测目标的不同，在测距时可选择不同的测距模式和目标类型(见表A.5)：

①[精测]模式：精测模式是最常用的测距模式，测量时间约为2.5s，最小显示单位1mm。

②[跟踪]模式：跟踪模式常用于跟踪移动目标或放样时连续测距，最小显示单位一般为1cm，每次测距时间约为0.3s。

③[粗测]模式：测量时间约为0.7s，最小显示单位为1cm或1mm。

测 距 模 式 切 换 表A.5

操作过程	操 作	显 示
在距离测量模式下按[F2](模式)键，各测距模式将显示出来	[F2]	HR:　　120° 30′ 40″ HD*　　123.456m VD:　　　5.678m 精测　跟踪　粗测　F
按键选择所需模式测距即可	[F1]~[F3]	HR:　　120° 30′ 40″ HD*　　123.456m VD:　　　5.678m 测量　模式　S/A P1↓

A.4 坐 标 放 样

(1)仪器菜单操作流程

拓普康 GTS—300 系列全站仪在键盘上设有一个菜单[MENU]键，除基本测量功能外，所有的系统管理和应用程序都由此进入。菜单屏幕共有三页，其中第一页第二项(F2：放样)即为坐标放样模式，如图 A.2 所示。

（2）测站点坐标输入

如图 A.2 所示,根据放样菜单流程进入[测站点]输入屏幕,如果仪器内存中已有数据文件,那就输入测站点号去调用内存中的坐标数据;否则,由键盘直接输入测站点坐标数据完成建站操作。

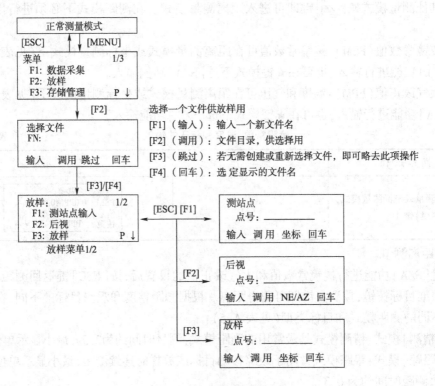

图 A.2　仪器菜单操作流程

（3）后视定向

后视点坐标输入方法与测站点输入相同。确认输入的坐标后,屏幕将显示后视方位角值,照准后视点并确认后视方位角即完成定向操作,见表 A.6。当然也可以通过输入后视方向的方位角值来定向。

后视定向　　　　　　　　　　　　　　　　　表 A.6

操 作 过 程	操　作	显　示
由放样菜单按[F2]（后视）键后,可按[F1]键输入点号调用内存数据,也可按[F3]键直接输入坐标值或方位角,再按[F4]键确认,屏幕将显示后视方位角	[F2]	后视 　点号:_____ 输入　调用　NE/AZ回车
照准后视点,按[F3]（是）键,显示屏返回到放样菜单	[F1]～[F4] 照准后视点[F3]	后视 　H(B) = 0° 00′ 00″ >照准 ?　　　　[是] [否]

（4）放样

首先输入放样点坐标数据,然后进行放样操作。坐标放样步骤见表 A.7。

操 作 过 程	操 作	显 示
由放样菜单按[F3]键输入放样点坐标	[F3]	放样　　　　　　1/2 F1:测站点输入 F2:后视 F3:放样　　　　　P↓
按[F1]键输入点号调用内存数据,也可按[F3]键直接输入坐标值,再按[F4]键确认	[F1] 输入点号 [F4]	放样 　点号:LP-101 输入　调用　坐标　回车
如果只进行平面位置放样,应跳过此项操作;如果要进行三维坐标放样,则按屏幕提示输入反射棱镜高	[F1] 输入镜高	镜高 输入 镜高　　　　　0.000m 输入 － － － － － 回车
当放样点设定后,仪器就进行放样元素的计算; HR:放样点的水平方向计算值 HD:测站点到放样点的水平距离计算值	[F4]	计算 　HR:　　90°10′20″ 　HD:　　123.456m 角度　距离 － － －
按[F1](角度)键显示dHR(当前水平方向测量值与上述计算值之差)值; 旋转照准部将dHR调整为0°00′00″	[F1]	点号:LP-100 　HR:　　　6°20′40″ 　dHR =　　23°40′20″ 距离 － － 坐标 － － －
指挥棱镜手按指示方向和距离移动棱镜,照准后按[F1]键测距; HD:实测的水平距离 dHD:实测距离与计算距离之差 dZ:实测高程与计算高程之差(只进行平面位置放样时,此项为虚值)	[F1]	HD ＊[t]　　　　 ＜m 　dHD:　　　　　　m 　dZ:　　　　　　　m 模式　角度　坐标　继续 ↓ HD ＊　　　143.84m dHD:　　　 －13.34m dZ:　　　　 －0.05m 模式　角度 － － － 继续
按屏幕显示调整棱镜位置,当dHR,dHD和dZ均为0时,放样点位置已经确定; 按[F4](继续)键,进行下一个放样点的测设	[F4]	N ＊　　　　100.000m E:　　　　　100.000m Z:　　　　　　1.015m 模式　角度 － － － 继续 放样 　点号:LP-101 输入　调用　坐标　回车

A.5 坐标测量

在键盘上按[↙]键可进入坐标测量模式。坐标测量前的测站点坐标输入和后视定向操作与坐标放样模式完全相同。建站和定向操作完成后,照准目标棱镜,按测量键即可观测待测点的坐标值。需要指出的是,我们通常利用仪器菜单中的数据采集功能来进行坐标测量,并存储测量数据。

附录 B　尼康 DTM—500 系列全站仪简要说明

B.1　仪器操作键及符号简介

(1)仪器屏幕及键盘布置(图 B.1)

图 B.1　尼康 DTM—500 系列全站仪屏幕及键盘布置

(2)仪器各操作键的名称及功能(表 B.1)

尼康 DTM—500 系列全站仪各操作键的名称及功能　　　　表 B.1

按键图标	功　　能	备　　注
PWR	电源开关	
	背景照明开关	
MENU	显示菜单屏幕	
REC ENT	记录已测量数据、移到下一个屏幕、或者在输入模式下确认并接收输入的数据	
ESC	返回到先前的屏幕;在数字或字符模式中,删除输入	
MSR1	用[MSR1]键的测量模式设定开始进行距离测量;按一秒钟可显示测量模式的设定	
MSR2	用[MSR2]键的测量模式设定开始进行距离测量;按一秒钟可显示测量模式的设定	

按键图标	功　能	备　注
DSP	移到下一个可用的显示屏幕;按一秒钟可改变出现在 DSP1、DSP2 和 DSP3 屏幕上的域	
ANG	显示角度菜单	
STN ABC 7	显示测站设立菜单;在字符、数字模式中输入 A、B、C 或 7	
S-O OEF 8	显示放样菜单;按一秒钟可显示放样设定;在字符、数字模式中输入 D、E、F 或 8	
PRG JKL 4	显示程序菜单,此菜单中包含附加的测量程序;在字符、数字模式中输入 J、K、L 或 4	
LG MNO 5	打开或关闭导向光发射器;在字符、数字模式中输入 M、N、O 或 5	
HOT -+ ·	显示目标高度(HOT)菜单;在字符、数字模式中输入 −、+ 或 5	
*/= 0	显示气泡指示器;在字符、数字模式中输入 * 、√、= 或 0	

B.2　测量准备工作

(1)仪器安置

用光学对中器或激光对点装置将全站仪安置在测站点上,对中和整平。

(2)开机设置

尼康 DTM—500 系列全站仪的开机设置过程见表 B.2。

尼康 DTM—500 系列全站仪开机设置　　　　　　表 B.2

操　作　过　程	显　示
开机:按[PWR]打开仪器,出现开始屏幕,显示温度、气压、日期和时间	NIKON-TRIMBLE CO.LTD 倾斜望远镜 >温度　84°F 　压力　29.9 inHg 2003/08/27　11:20:55
要改变温度或气压值,用[∧]或[∨]把光标移到您想改变的区域,修正后按[ENT]确认	倾斜望远镜 >温度　20°C 　压力　1013hPa 2001/10/21　13:54:18

— 174 —

操作过程	显示
初始化水平角:旋转照准部,使望远镜倾斜,直到它经过了盘左的水平位置	水平角已初始化 〉温度 20℃ 压力 1013hPa 2001/10/21 13:54:18
设定棱镜常数值:仪器中输入的棱镜常数值应与实际使用棱镜的常数值相符,方法是:按住[MSR1]或[MSR2]一秒钟后,根据弹出的对话窗进行设置	＜MSR1＞ 目标:箱片 常数: □ mm 模式:正常10mm 平均:3 记录模式:确认
说明:在观测过程中按[HOT]键,[HOT]键菜单便显示出来,可以用此菜单改变温度、气压和棱镜常数等参数	HOT键 1.HT 2.温-压 3.目标 4.注释 5.缺省点

B.3 角度测量

(1)进入测角屏幕

用望远镜照准观测目标,在基本测量屏(BMS)中直接从屏幕上读取水平度盘读数或竖直度盘读数,若屏幕无所需信息,可按[DSP]键切换显示内容。

(2)水平角和竖直角测量

按观测程序进行水平角或竖直角测量时,按[ANG]键可以打开测角菜单。要在菜单中选择操作命令,可按相应的数字键,或者按[＜]或[＞]突出显示操作命令,然后再按[ENT]键确认。

①置零(0设定):如果要把水平角度置零,在角度菜单按[1]或选择[0设定]。

②置盘(输入):如果要配置水平度盘读数为某一需要的读数,见表B.3,在角度菜单按[2]或选择[输入]。

置盘 (输入) 表B.3

置盘(输入):用数字键输入水平方向值,然后按[ENT]。如输入125°24′35″,应键入[1][2][5][.][2][4][3][5]	角度 HA# 34°00′00″ 1.0设定 4.F1/F2 2.输入 5.保留 3.重复

B.4 距离测量

(1)查看距离测量设定

在距离测量前,应查看仪器目前的参数设定是否合适,见表B.4。测量设定说明见表B.5。

按[MSR1]或[MSR2]一秒钟可查看测量设定,用[∧]或[∨]在区域之间移动光标,用[＜]或[＞]在选择的区域中改变数值	

测 量 设 定 说 明 表 B.5

区　域	可选数值	备　注
目标(目标类型)	棱镜或箔片	
常数(棱镜常数)	−999m～999mm	
模式(测距模式)	精确0.1mm/1mm 和正常1mm/10mm	通常选择精确1mm
平均(观测次数)	0～99(连续)	通常选择1～3次
记录模式	仅MSR/确认/所有	通常选择仅MSR(测量)

(2)距离测量

不管仪器处于任何测量屏幕,只要在键盘上按[MSR1]或[MSR2]键,就可进入距离测量屏幕,操作说明见表B.6。在观测过程中按[HOT]键,[HOT]键菜单便显示出来,可以用此菜单改变温度、气压和棱镜常数等参数。

距 离 测 量 表 B.6

在基本测量屏幕或任何观测屏幕上按[MSR1]或[MSR2]可测量距离	DSP 1/4 HA: 40°29′11″5 VA: 89°07′46″0 SDX̄ 345.1234m PT:1 HT: 1.5000m
仪器进行测量期间,棱镜常数以较小字体显示	DSP 1/4 HA: 40°29′11″5 VA: 89°07′46″0 SD: − <30mm> m PT:1 HT: 1.5000m
如果平均计数设定为1～99中的一个值,平均后的距离将在最后一次测量之后显示出来;如果平均计数设定为0,测量将连续进行,直到按[MSR1]、[MSR2]或[ESC],每次测量时,距离都会被更新	DSP 1/4 HA: 40°29′11″5 VA: 89°07′46″0 SDX̄ 345.1234m PT:1 HT: 1.5000m

B.5 坐 标 放 样

(1)测站设立(建站)

测站设立步骤见表B.7。

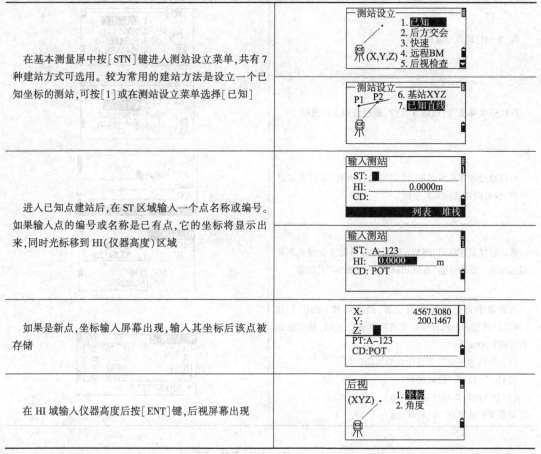

在基本测量屏中按[STN]键进入测站设立菜单,共有7种建站方式可选用。较为常用的建站方法是设立一个已知坐标的测站,可按[1]或在测站设立菜单选择[已知]	测站设立 1. 已知 2. 后方交会 3. 快速 4. 远程BM 5. 后视检查 (X,Y,Z) 测站设立 P1 P2 6. 基站XYZ 7. 已知直线
进入已知点建站后,在ST区域输入一个点名称或编号。如果输入点的编号或名称是已有点,它的坐标将显示出来,同时光标移到HI(仪器高度)区域	输入测站 ST: HI: 0.0000m CD: 列表 堆栈 输入测站 ST: A-123 HI: 0.0000 m CD: POT
如果是新点,坐标输入屏幕出现,输入其坐标后该点被存储	X: 4567.3080 Y: 200.1467 Z: PT: A-123 CD: POT
在HI域输入仪器高度后按[ENT]键,后视屏幕出现	后视 1. 坐标 (XYZ) 2. 角度

（2）后视定向

通常用输入后视点坐标的方法进行定向,也可输入后视方位角定向。此处以输入后视点坐标为例进行说明,见表 B.8。

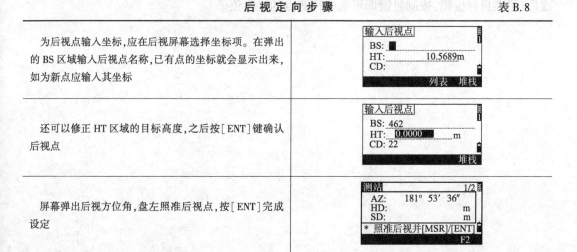

为后视点输入坐标,应在后视屏幕选择坐标项。在弹出的BS区域输入后视点名称,已有点的坐标就会显示出来,如为新点应输入其坐标	输入后视点 BS: HT: 10.5689m CD: 列表 堆栈
还可以修正HT区域的目标高度,之后按[ENT]键确认后视点	输入后视点 BS: 462 HT: 0.0000 m CD: 22 堆栈
屏幕弹出后视方位角,盘左照准后视点,按[ENT]完成设定	测站 1/2 AZ: 181° 53′ 36″ HD: m SD: m * 照准后视并[MSR]/[ENT] F2

（3）放样

放样步骤见表 B.9。

按[S－O]键显示放样菜单	放样 1. HA–HD 2. XYZ 3. 分割线S–O 4. 参考线S–O
在放样菜单按[2]或选择 XYZ,通过已知坐标放样	放样 (X,Y,Z)　1. HA–HD 2. XYZ 3. 分割线S–O 4. 参考线S–O
可以通过放样点的名称、代码等进行查找调用,若非已有点,也可以直接输入其坐标	输入点 PT: A100*■ Rad:　　　　　　　　　m CD: 从/到　列表　堆栈
确认放样点坐标后,测站点到目标的角度变化量和距离显示出来。旋转仪器,直到 dHA 等于 0°00′00″时制动	PT:A100-2 dHA:　　0° 00′ 0″ 0 HD:　　　　87.5412m ＊照准目标 并按[MSR]
请棱镜手调整目标棱镜位置,照准后按［MSR1］或［MSR2］键观测。当目标处在放样准确位置时,显示的误差变成0.000m: (1)dHA:水平角度到目标点的差值; (2)R/L:右/左(横向误差); (3)IN/OUT:内/外(纵向误差)。 如果要记录该点,按[ENT]键	PT:A100-2　　　　　　1/7 dHA ←　0° 00′ 26″　5 R ←　　　　0.055　m IN ↓　　　　0.920　m FIL ↑　　　　0.036　m ＊ 按[ENT]记录

B.6　坐 标 测 量

　　坐标测量前的测站设立和后视定向操作与坐标放样模式完全相同。建站和定向操作完成后,照准目标棱镜,按测量键即可观测待测点的坐标值。

附录 C 宾得 R—300 系列全站仪简要说明

C.1 仪器键盘简介

(1)仪器屏幕及键盘布置(图 C.1)

图 C.1 宾得 R—300 系列全站仪键盘

(2)仪器各操作键的名称及功能见表 C.1

宾得 R—300 系列全站仪各操作键的名称及功能　　　　　　表 C.1

操 作 键	功 能 描 述
[power]	电源开关键
[ESC]	后退到上一屏或取消某步操作
[illumination]	照明键(LCD 照明及望远镜十字丝照明开关)
[ENT]	确认键
[Laser]	激光对中及电子整平键和红光导向显示屏的转换键
[alphanumeric]	在数值屏幕,数值和英文字母输入与显示
[Help]	在 A、B 模式下同时按[ILLU]和[ESC]键,出现帮助菜单显示帮助信息
[F1]～[F5]	软键(其功能信息实时显示在显示屏中)

C.2 角 度 测 量

(1)仪器安置

将仪器安装在三脚架上,使用激光对点器和电子水准器安置仪器。按[回车/确认]键即可进入测角界面,再按[显示]键切换界面显示内容。

(2)水平角和竖直角测量

用望远镜照准观测目标,键盘界面上直接显示水平度盘读数和竖直度盘读数。在观测

水平角或竖直角时,会用到测角模式下有关软键:

①照准目标后连续按[置零]键2次,可将水平角设定为零。

②按[F5]键转换成B模式,再按[角度设定]键后选择水平角输入项,清除显示数值后输入水平角值并确认,见图C.2。

(3)在B模式下,按[角度设定]键后可选左/右旋转功能,从而改变度盘顺逆时针刻划方式,见图C.3。

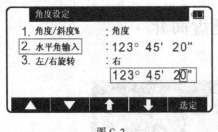
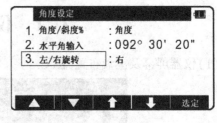

图C.2   图C.3

C.3 距 离 测 量

(1)进入测距模式

在仪器安置好后,按[激光]或[回车/确认]键进入测距界面。在距离测量模式下首先应进行测距参数设置:如按[模式]键,将模式A切换为模式B,再按[F4](修正)键,即可修正温度和气压,见图C.4。也可以对棱镜常数进行设置,见图C.5。

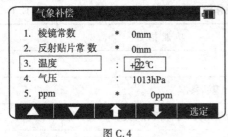
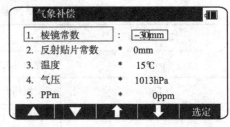

图C.4   图C.5

(2)距离测量

完成棱镜常数值和大气改正值的设置后,照准棱镜并按[测距]键即可进行距离测量。

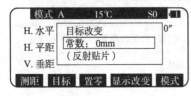

图C.6

根据观测目标和测距精度的不同,可选择不同的目标类型。如当常数为0时,反射片显示S0,免棱镜显示N0,棱镜显示P0。在目标变化时,应按[目标]键改变目标的模式,确认目标模式及目标常数值与之相符,见图C.6。

根据观测目标和测距精度的不同,可选择不同测距模式,如R—300系列有两种距离测量模式,按[测距]键一次或两次可分别以"精测"和"跟踪"模式测距,按[显示]键切换屏幕显示内容。

C.4 坐 标 测 量

在B模式下按[F1]键进入PowerTopoLite的功能界面,可按表C.2所示的步骤进行坐标测量。

操 作 过 程	显 示
(1)测站点坐标输入 选择直角坐标数据并按[ENT]键显示仪器测站点输入界面	测量方法选择 1. 直角坐标测量 2. 极坐标测量 3. 直角极坐标测量 4. 仪器高测量
输入测站点点号、坐标和仪器高等数据	仪器点设定 **1. PN:** 2.X: +00000000.000m 3.Y: +00000000.000m 4. Z: 0000.000m 5. IH: 存储 | 列表 | ↑ | ↓ | 接受
(2)后视定向 按[接收]键显示站点水平角设定界面。按[BSP]键输入后视点坐标	后视点设定 **1. PN:** 2. X: +00000100.000m 3. Y: +00000310.000m 4. Z: 5. PC: 存储 | 列表 | ↑ | ↓ | 接受
照准后视点后按[确定]键	照准基准点 照准基准点 当准备好的时候，按[确定]键 退出 | | | | 确定
(3)坐标测量 照准待测点，按[F1]键即可测得其坐标值	测距 PN POT3 PH 1.200 m X +373.205 Y −73.205 Z +71.149 测距 | 存储 | 测距存储 | 修定 | 页替换

C.5 坐 标 放 样

在 PowerTopoLite 功能界面选择放样方法(见图 C.7)，确认后完成建立测站和后视点定向操作，方法与坐标测量中的建站定向相同。然后输入放样点坐标、棱镜高等数据，按[保存]键保存数据，再按[ENT]键或[ACCEPT]键显示放样界面(见图 C.8)。

图 C.7 选择放样方法

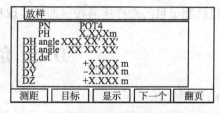

图 C.8 放样界面

指挥棱镜手移动棱镜，照准后按[测量]键开始放样测量，放样的偏差显示出来，根据显示的差值调整棱镜位置，使各项偏差值均为 0 即完成放样。

附录 D 南方 NTS—600 系列全站仪简要说明

D.1 仪器键盘及功能简介

(1)仪器屏幕及键盘布置(图 D.1)

图 D.1 南方 NTS—600 系列全站仪键盘界面图

(2)仪器各操作键的名称及功能(表 D.1)

南方 NTS—600 系列全站仪各操作键的名称及功能   表 D.1

按　键	名　称	功　能
POWER	电源键	控制电源的开/关
0~9	数字键	输入数字
A~/	字母键	输入字母
ESC	退出键	退回到前一个显示屏或前一个模式
★	星键	用于仪器若干常用功能的操作
ENT	回车键	数据输入结束并认可时按此键
F1~F4	软键	功能参见所显示的信息

南方 NTS—600 系列电子全站仪设有 F1~F4 共 4 个软键,其功能信息实时显示在屏幕下方,根据测量目的选择所需按键即可实现相应功能。

D.2 角 度 测 量

(1)仪器安置

用光学对中器或激光对点装置将全站仪安置在测站点上,对中和整平。

(2)角度测量

开机后屏幕显示主菜单图标(见图 D.2),按[测量]键进入基本测量模式,直接从键盘屏幕上读取度盘读数即可(如图 D.3 所示,V:竖直度盘读数;HR:水平度盘读数)。

程序　测量　管理　通信　校正　设置

图 D.2

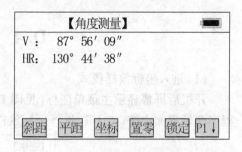

图 D.3

在进行水平角或竖直角测量时,会用到测角模式下有关软键:如[R/L]功能键表示 HR (水平度盘顺时针刻画模式下的读数)与 HL(水平度盘逆时针刻画模式下的读数)的转换; [置盘]功能表示用于配置水平度盘;[V%]功能表示用于竖盘读数与竖直角百分度的显示切换。

D.3　距 离 测 量

(1)选择测距模式

开机后屏幕显示主菜单图标(见图 D.2),按[测量]键进入基本测量模式(见图D.3)。在基本测量模式下即可进行距离观测。

在距离测量模式下首先应进行几项测距参数设置,见表 D.2。

测 距 参 数 设 置　　　　　　　　　　　　表 D.2

棱镜常数值(PSM)设置:仪器中输入的棱镜常数值应与实际使用棱镜的常数值相符,直接在★键模式下选 功能即可输入	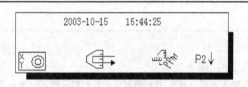
大气改正值(PPM)设置:通常采用直接设置温度和气压的方法进行。首先测得测站周围的温度和气压,然后在★键模式下选 功能即可输入	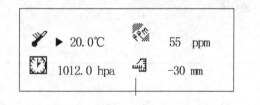

观测过程中若温度、气压发生变化,或使用棱镜常数不同的棱镜,均应按★键及时进行修正。

(2)距离测量

照准棱镜后在基本测量模式下按[平距]键即可进行水平距离的测量。

屏幕右下角显示棱镜常数(PSM)、大气改正值(PPM)和测距模式(精测:FR,跟踪:TR),如图 D.4 所示。精测模式是最常用的测距模式,测量时间约为 3s,最小显示单位 1mm;跟踪模式常用于跟踪移动目标或放样时连续测距,最小显示一般为 1cm,测距速度快于精测模式。

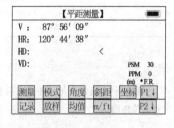

图 D.4

D.4 坐 标 放 样

(1)进入坐标放样模式

开机后屏幕显示主菜单图标(见图 D.2),按[程序]键进入程序测量界面(见图D.5)。在程序测量界面中按[F2]键,选择坐标放样后,显示放样界面。

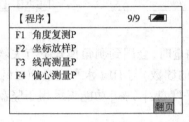

图 D.5

(2)坐标放样(见表 D.3)

放 样 步 骤

表 D.3

操作过程	显　示
在坐标放样菜单下按[F1]键,即设置方向角	【放样】 F1 设置方向角 F2 设置放样点 F3 坐标数据 F4 选项
输入测站点点号,然后根据键盘界面提示输入该测站点的坐标	【设置测站点】 记录号　　1 点号:1 数字 空格 ← → ↑ ↓
输入后视点点号和坐标	【设置方向值】 后视点 　N: 1000.000　　　　m 　E:　　100.000　m 　Z:　　　0.000　m 退出　　　　　　　左移
屏幕显示后视方位角。在照准后视点后,按[是]键进行方位角确认	【设置方向值】 方位角 　H(B): 20° 00′ 00″ >设置吗? 是 否

操作过程	显 示
根据屏幕提示分别输入仪器高、棱镜高、放样点点号和放样点的坐标	【放置放样点】 棱镜高： 1.750 退出　　　　　　　　　　左移
屏幕显示待放样点的放样角度和距离	【放样】 dHR:　　　45° 23′ 45″ dHD:　　　　23.901m 角度　距离　精粗　坐标　指挥　继续
按[角度]键显示实际的水平角(HR)和所放样角度差(dHR),转动全站仪,使(dHR)显示的为(0°00′00″)时,指挥持棱镜者移动到该方向	HR:　　243° 26′ 07″ dHR:　　　0° 00′ 03″ 　　　　　　　　　　　(跟踪) 角度　距离　精细　坐标　指挥　继续
按[距离]键后,指挥持棱镜者在该方向上移动棱镜,使dHD值为0时,此点即为所放样的点位 按[继续]键进行下一点的放样	HD:　　　25.364m dHD:　　　2.045m 　　　　　　　　　　　(跟踪) 角度　距离　精粗　坐标　指挥　继续

D.5 坐标测量

南方 NTS—600 系列全站仪在基本测量模式界面下(见图 D.3),在完成建立测站和后视定向的操作后,按[坐标]键对目标棱镜进行观测,即可测出置棱镜点的坐标值。

附录 E 中纬 ZT—20 系列全站仪简要说明

E.1 仪器键盘及功能简介

（1）仪器屏幕及键盘布置（见图 E.1）

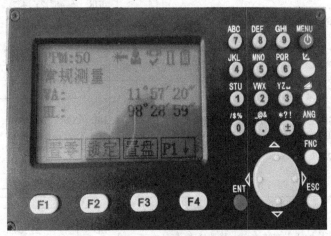

图 E.1 中纬 ZT—20 系列全站仪键盘界面图

（2）仪器各操作键的名称及功能（见表 E.1）

中纬 ZT—20 系列全站仪各操作键的名称及功能　　　　　　表 E.1

按　键	名　称	功　能
MENU	菜单/电源键	从常规测量界面进入菜单/开关机
0 ~ 9	数字键	输入数字
A ~ /	字母键	输入字母
ESC	退出键	退回到前一个显示屏或前一个模式
ENT	回车键	数据输入结束并认可时按此键
↙	坐标测量键	进入坐标测量模式
◢	距离测量键	进入距离测量模式
ANG	角度测量键	进入角度测量模式
FNC	功能键	启动常用功能（如打开电子水准器和对中激光）
F1 ~ F4	软　键	功能参见所显示的信息

中纬 ZT—20 系列电子全站仪设有 F1 ~ F4 共 4 个软键,其功能信息实时显示在屏幕下方,根据测量目的选择所需按键即可实现相应功能。

E.2 角度测量

(1)仪器安置

将仪器安装在三脚架上,按电源键开机,如果倾斜补偿器处于打开状态,此时激光对中器会自动激活并弹出对中、整平界面,否则按[FNC]键选择打开对中、整平界面。然后就可以安置仪器了。

(2)角度测量

在常规测量界面按[ANG]键进入角度测量模式,照准目标后直接从屏幕上读取度盘读数即可。(如图 E.2 所示,VA:竖直度盘读数;HR:水平度盘读数)。

在进行水平角或竖直角测量时,会用到测角模式下有关功能键(软键):如[R/L]功能键表示 HR(水平度盘顺时针刻画模式下的读数)与 HL(水平度盘逆时针刻画模式下的读数)的转换;[置零]和[置盘]功能可以用来配置水平度盘;[V%]功能用于竖盘读数与竖直角百分度的显示切换。

图 E.2

E.3 距离测量

(1)测距参数及模式

仪器在系统设置菜单中有 EDM 设置的项目,应在测距前对测距模式、棱镜类型、棱镜常数和气象参数进行设置,见图 E.3。

在观测过程中也可以通过屏幕下方的软键对 EDM 进行实时设置。

(2)距离测量

在常规测量界面按[△]键进入距离测量模式(见图 E.4),照准目标棱镜后按软键[测量]就可以进行距离测量了。如需查看斜距,再按[△]键切换至界面 2 即可。

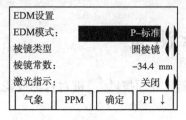

图 E.3

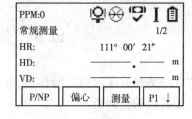

图 E.4

屏幕上方从左到右依次显示大气改正值(PPM)、棱镜类型、倾斜补偿器状态、盘位状态和电池电量的信息。如 表示当前棱镜设置为自定义棱镜,棱镜常数由用户输入, 则表示当前棱镜设置为免棱镜(NP); 表示倾斜补偿器打开;Ⅰ表示望远镜处于盘左位置。

E.4 坐标放样

(1)进入坐标放样模式

在常规测量界面,按[MENU]键进入主菜单,选择放样程序,按照屏幕的提示完成建站和定向操作后就可以进行坐标放样了,见图 E.5。

(2)坐标放样

在图 E.5 的界面中通过点号调用或输入坐标的方式置入待放样点的坐标值后,屏幕显示待放样点位置的计算界面(图 E.6),其中 HZ 为测站点至待放样点连线的方位角计算值,HD 为测站点至待放样点的水平距离计算值。

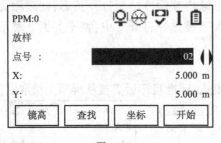

图 E.5

图 E.6

此时屏幕下方有三个软键对应三种不同的放样方法,通常我们选择[角度](即极坐标法放样)。如图 E.7 所示,HZ 为计算方位角,dHZ 为当前水平角与计算方位角的差值。转动照准部,当 dHZ 为 0°00′00″时,即表明放样方向正确。再按软键[距离]进入测量距离屏幕(图 E.8)。指挥棱镜在正确的放样方向上移动,至 dHD 为 0.000m 时,待放样点平面位置确定。如需放样其高程,还要在点位上垂直移动棱镜,使 dVD 也为 0.000m。选择[下点]继续放样工作。

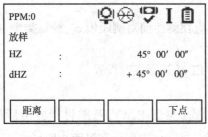

图 E.7

图 E.8

E.5 坐标测量

完成建立测站和后视定向的操作后,在常规测量界面按[↙]键对目标棱镜进行观测,即可测出置棱镜点的坐标值。

附录 F　南方 RTK S86—2013 简要说明

F.1　配件及设备安装

S86—2013 配件包含基准站配件及流动站配件两大部分,基准站配件见图 F.1,流动站配件见图 F.2。安装后的基准站、流动站设备见图 F.3。

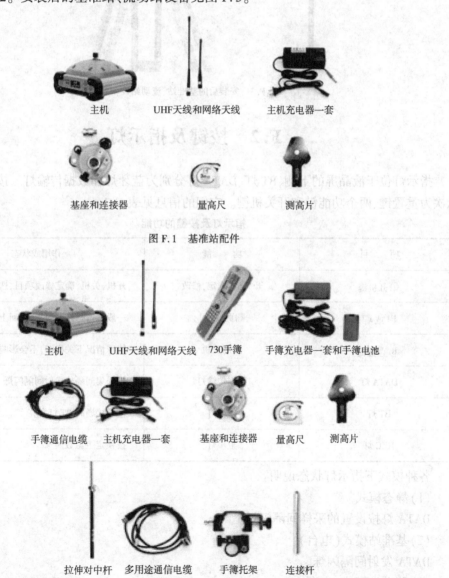

主机　　　UHF天线和网络天线　　主机充电器一套

基座和连接器　　　量高尺　　　测高片

图 F.1　基准站配件

主机　　　UHF天线和网络天线　　730手簿　　手簿充电器一套和手簿电池

手簿通信电缆　　主机充电器一套　　基座和连接器　　量高尺　　测高片

拉伸对中杆　　多用途通信电缆　　手簿托架　　连接杆

图 F.2　流动站配件

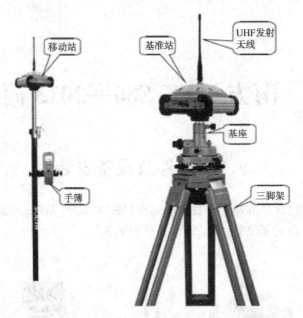

图 F.3 安装后的基准站、流动站设备

F.2 按键及指示灯

指示灯位于液晶屏的下侧,BT 灯、DATA 灯分别为蓝牙灯和数据传输灯。按键从左到右依次为重置键、两个功能键和开关机键。它们的信息见表 F.1。

指示灯及按键的功能   表 F.1

项　　目	功　　能	作用或状态
① 开机键	开关机,确定,修改	开机,关机,确定修改项目,选择修改内容
F1 或 F2	翻页,返回	一般为选择修改项目,返回上级接口
R 重置键	强制关机	特殊情况下关机键,不会影响已采集数据
DATA 灯	数据传输灯	按采集间隔或发射间隔闪烁
BT 灯	蓝牙灯	蓝牙接通时 BT 灯常亮
REC 灯	卫星灯	按锁定卫星数闪烁

各种模式下指示灯状态说明:

(1)静态模式

DATA 灯按设置的采样间隔闪烁。

(2)基准站模式(电台)

DATA 发射间隔闪烁。

(3)移动站模式(电台)

DATA 灯在收到差分数据后按发射间隔闪烁,BT 灯在蓝牙接通时常亮。

F.3 主机操作

(1)初始界面

打开S86—2013电源后进入程序初始接口,初始接口有两种模式选择:设置模式、采集模式;初始接口下按F2键进入设置模式,见图F.4,不选择则进入自动采集模式。

(2)设置模式

进入设置模式主接口,按F1或F2选择项目,选好后按开机键确定。主接口分两个部分。

①设置工作模式。

按开机键确定进入设置工作模式,见图F.5。按F1或F2键选择静态模式、基准站工作模式、移动站工作模式以及返回设置模式的主菜单。

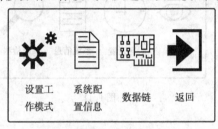

设置工　系统配　数据链　返回
作模式　置信息

图F.4

静态模　基准站模　流动站模　返回
式设置　式设置　式设置

图F.5

a.静态模式参数设置。

按开机键进入静态模式设置,见图F.6,选择自动采集数据。按两次开机键进入静态模式采集参数的设置,见图F.7。在此可进行高度截止角及采样间隔的设置。设置完成后再次按开机键确定完成参数设置,达到采集条件后仪器开始自动数据采集。

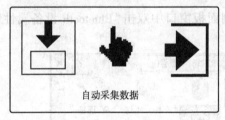

自动采集数据

图F.6

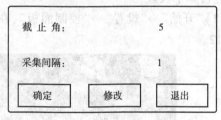

截 止 角:		5
采集间隔:		1
确定	修改	退出

图F.7

b.基准站模式参数设置。

同静态模式,开机初始接口下按F2键进入设置模式后进入基准站模式设置,见图F.5。按开机键进入参数设置界面,见图F.8。设置数据链主要进行内置电台的设置(通道、电台功率的设置),还可进行GPRS网络、双发射、外接模块等电台的设置,见图F.9。

设置数据链　基准站模　设置工　电源
　　　　式设置　作模式

图F.8

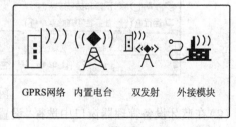

GPRS网络　内置电台　双发射　外接模块

图F.9

选择基准站模式设置进入基准站模式设置界面,在此界面下可对差分格式、是否记录数据和截止角三项参数进行设置,见图 F.10。选择设置工作模式可进行静态模式、基准站模式、流动站模式进行设置。

c.移动站模式参数设置和基准站模式设置方法相同,对应基准站相应参数进行设置即可。

②系统配置信息设置。

进入设置模式主接口,按 F1 或 F2 选择系统配置信息,选好后按开机键确定,见图 F.11。在语言设置模式下可进行系统中英文的切换;在时区设置模式下可对时区信息进行修改;在系统信息模式下可以显示主机编号、主机程序版本、注册码有效期及剩余内存空间;进入系统检测模式可进行液晶显示测试、LED 和蜂鸣器测试、电源测试。

图 F.10   图 F.11

F.4 蓝 牙 连 接

在动态测量中需要采用手簿与主机进行数据的传输,因此必须建立手簿与主机的蓝牙连接,本附录以 S730 手簿连接为例。主机开机并在动态模式(移动或基准站),然后对 S730 手簿进行如下设置:

(1)"开始"→"设置"→"控制面板",在控制面板窗口中双击"Bluetooth 设备属性",见图 F.12。

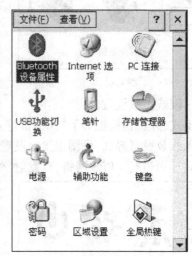

图 F.12

(2)在蓝牙设备管理器窗口中选择"设置",选择"启用蓝牙",点击"OK"关闭窗口,见图 F.13。

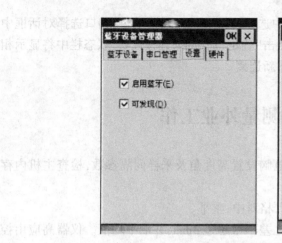

图 F.13

（3）点击"扫描设备"，开始进行蓝牙设备扫描。如果在附近（小于 12m 的范围内）有可被连接蓝牙设备，在"蓝牙管理器"对话框将显示搜索结果，见图 F.14。

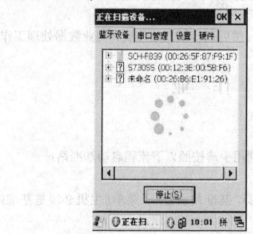

图 F.14

（4）选择"S86…"数据项，点击 + 按钮，弹出"串口服务"选项，双击"串口服务"，在弹出的对话框里选择串口号，一般是从 1~8，任选一个，见图 F.15。

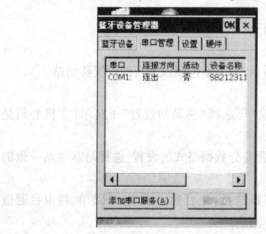

图 F.15

（5）打开工程之星软件，在"配置"菜单中选择"端口设置"对话框，在端口选择对话框中选择与蓝牙串口服务里面的串口号相同。点击"确定"后，如果连接成功，状态栏中将显示相关数据。如果连接不成功，退出工程之星，重新连接。

F.5　静态测量外业工作

（1）将接收机设置为静态模式，并通过电脑设置高度角及采样间隔参数，检查主机内存容量。

（2）在控制点架设好三脚架，在测点上严格对中，整平。

（3）量取仪器高三次，三次量取的结果之差不得超过3mm，并取平均值。仪器高应由控制点标石中心量至仪器测量标志线的上边处。

（4）记录仪器号，点名，仪器高，开始时间。

（5）开机，确认为静态模式，主机开始搜星且卫星灯开始闪烁。达到记录条件时，状态灯会按照设定好采样间隔闪烁，闪一下表示采集了一个历元。

（6）采集完毕后，主机关机并记录关机时间，然后进行数据的传输和内业数据处理工作。

F.6　RTK　作　业

（1）启动基准站

将一台主机设置成基准站工作模式以后，利用手簿按照以下流程启动基准站：

①使用手簿上的工程之星连接基准站。

②操作："配置"菜单选择"仪器设置"再选择"基准站设置"子菜单（主机必须是基准站模式），见图F.16。

③对基准站参数进行设置。一般只需设置差分格式就可以，其他使用默认参数。设置完成后点击右边的保存按钮，基准站就设置完成了。

④保存好设置参数后，点击"启动基站"（一般来说基准站都是任意架设，发射坐标是不需要自己输入的）。

⑤电台通道设置，在基准站模式设置下进行设置。

（2）设置移动站

将另一台主机设置成移动站工作模式以后，利用手簿按照以下流程设置移动站：

①使用手簿上的工程之星连接移动站。

②移动站设置："配置"菜单选择"仪器设置"再选择"移动站设置"子菜单（主机必须是移动站模式）。

③对移动站参数进行设置，一般只需要设置差分数据格式的设置，选择与基准站一致的差分数据格式即可，确定后回到主界面。

④通道设置："配置"菜单选择"仪器设置"再选择"电台通道设置"子菜单，将电台通道切换为与基准站电台一致的通道号，见图F.17。

设置完毕，移动站达到固定解后，即可在手簿上看到高精度的坐标。

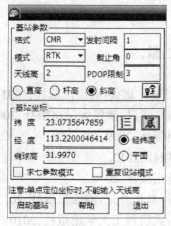

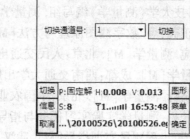

图 F.16   图 F.17

F.7 数据传输

南方 S86—2013 接收机文件管理采用 U 盘式存储,即插即用,直接拖拽式下载不需要下载程序。下载时使用多功能数据线,一端连接 USB,一端连接主机底部九芯插座,连接后电脑出现一个新盘符,如同 U 盘,可对相应文件直接进行拷贝。如图 F.18 所示,STH 文件为 S86—2013 主机采集的数据文件,修改时间为该数据结束采集的时间。可以直接把原始文件拷贝到 PC 机中,也可以通过下载"仪器之星"把数据拷贝到 PC 机中。

名称	大小	类型	修改日期
9110357A.sth	260 KB	STH文件	2008-12-23 14:53
9110357B.sth	720 KB	STH文件	2009-12-23 15:07
9110357C.sth	480 KB	STH文件	2008-12-23 15:18
9110357D.sth	3,380 KB	STH文件	2008-12-23 16:23
91103371.sth	4 KB	STH文件	2009-12-3 15:40
91103372.sth	280 KB	STH文件	2009-12-3 15:48
91103373.sth	140 KB	STH文件	2009-12-3 17:12
91103374.sth	240 KB	STH文件	2009-12-3 17:20
91103375.sth	240 KB	STH文件	2009-12-3 17:24
91103451.sth	281 KB	STH文件	2009-12-11 13:44
91103452.sth	186 KB	STH文件	2009-12-11 13:51
91103461.sth	240 KB	STH文件	2009-12-12 10:31
91103462.sth	255 KB	STH文件	2009-12-12 10:49
91103463.sth	399 KB	STH文件	2009-12-12 10:59
91103464.sth	83 KB	STH文件	2009-12-12 11:00
91103481.sth	300 KB	STH文件	2009-12-19 8:38
91103482.sth	113 KB	STH文件	2009-12-19 10:01
91103551.sth	223 KB	STH文件	2009-12-21 11:59

图 F.18

参 考 文 献

[1] 武汉测绘科技大学《测量学》编写组.测量学[M].北京:测绘出版社,1991.

[2] 潘正风,杨正尧,等.数字测图原理与方法[M].武汉:武汉大学出版社,2002.

[3] 许娅娅,雒应.测量学[M].北京:人民交通出版社,2009.

[4] 李玉宝.测量学[M].成都:西南交通大学出版社,2012.

[5] 王耀强,葛岱峰.测量学[M].北京:中国农业出版社.2010.

[6] 周国树,吴长彬.测量学实验实习任务与指导[M].北京:测绘出版社,2011.

[7] 孙恒,张保成.工程测量实训指导[M].武汉:武汉理工大学出版社,2010.

[8] 李征航,黄劲松.GPS测量与数据处理[M].武汉:武汉大学出版社,2005.

[9] 魏二虎,黄劲松.GPS测量操作与数据处理[M].武汉:武汉大学出版社,2004.

[10] 高成发.GPS测量[M].北京:人民交通出版社,2000.

[11] 孔祥元,梅是义.控制测量学[M].北京:测绘出版社,1991.

[12] 刘绍堂.控制测量[M].郑州:黄河水利出版社,2007.

[13] 中华人民共和国国家标准.GB 50026—2007 工程测量规范[S].北京:中国计划出版社,2008.

[14] 中华人民共和国行业标准.JTG C10—2007 公路勘测规范[S].北京:人民交通出版社,2007.

[15] 中华人民共和国行业标准.JTG B01—2003 公路工程技术标准[S].北京:人民交通出版社,2003.

[16] 中华人民共和国国家标准.GB/T 18314—2009 全球定位系统(GPS)测量规范[S].北京:中国标准出版社,2009.

[17] 中华人民共和国行业标准.CJJ 73—97 全球定位系统城市测量技术规程[S].北京:中国建筑工业出版社,1997.

[18] 张正禄,等.工程测量学[M].武汉:武汉大学出版社,2007.

[19] 金和钟.工程测量[M].杭州:杭州大学出版社,2003.

[20] 宋文.公路施工测量[M].北京:人民交通出版社,2001.

[21] 赵吉先,吴良才,等.地下工程测量[M].北京:测绘出版社,2005.

[22] 吴来瑞,邓学才.建筑施工测量手册[M].北京:中国建筑工业出版社,1997.

[23] 周相玉.建筑工程测量[M].武汉:武汉理工大学出版社,2001.

[24] 岳建平,邓念武,等.水利工程测量学[M].北京:中国水利水电出版社,2008.